Rhino
产品造型设计

曲面之美

程罡◎编著

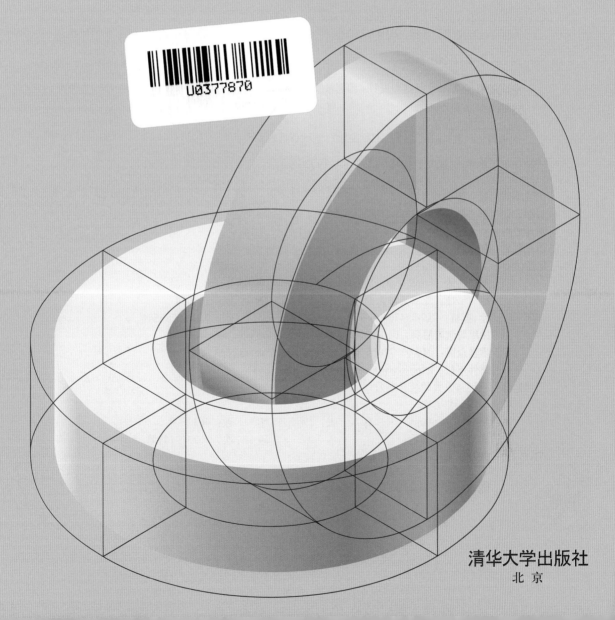

清华大学出版社
北京

内 容 简 介

本书是犀牛工业设计案例指导书，详细讲解了 8 个经典的工业产品建模过程，主要采用犀牛中最为精华的 NURBS 技术进行模型的构建。本书案例题材在类别的选择上较为广泛，包括珠宝首饰类、小家电类、电脑外设和通信器材类等。本书不但注重对具体模型构建方法的详细讲解，还兼顾了建模思路和流程的介绍。希望通过阅读本书，读者不仅能熟练掌握最常用的 NURBS 建模指令，还能掌握一套科学的建模流程。本书适合各类高校设计类专业作为教材或教参使用，也适合各种设计类工作从业者和三维爱好者参阅。

图书在版编目(CIP)数据

曲面之美：Rhino产品造型设计 / 程罡编著. —北京：清华大学出版社，2021.12(2023.7重印)
ISBN 978-7-302-59446-8

Ⅰ．①曲…　Ⅱ．①程…　Ⅲ．①产品设计—计算机辅助设计—应用软件　Ⅳ．①TB472-39

中国版本图书馆CIP数据核字(2021)第219026号

责任编辑：魏　莹　刘秀青
封面设计：李　坤
责任校对：李玉茹
责任印制：沈　露
出版发行：清华大学出版社
　　　　网　　　址：http://www.tup.com.cn, http://www.wqbook.com
　　　　地　　　址：北京清华大学学研大厦A座　　邮　　编：100084
　　　　社 总 机：010-83470000　　　　　　邮　　购：010-62786544
　　　　投稿与读者服务：010-62776969, c-service@tup.tsinghua.edu.cn
　　　　质量反馈：010-62772015, zhiliang@tup.tsinghua.edu.cn
　　　　课件下载：http://www.tup.com.cn, 010-62791865
印 装 者：三河市龙大印装有限公司
经　　销：全国新华书店
开　　本：185mm×260mm　　印　张：19　　字　数：463千字
版　　次：2021年12月第1版　　　　　印　　次：2023年7月第2次印刷
定　　价：98.00元

产品编号：087121-01

前言

做完这本书稿，掩卷而思，笔者和犀牛这个软件的缘分可谓不浅。不知不觉中，和这个软件相伴已经整整20年了，初次接触NURBS建模技术时的那种惊艳之感至今记忆犹新。20年间，个人的境遇发生了很大的变化，软件本身也从当初的2.0版本升级到了7.0版本。犀牛软件的功能已经发生翻天覆地的变化，从当初的纯NURBS软件扩展为一个全能型的三维建模软件。

这本书已经是笔者的第二本犀牛图书，第一本是2003年出版的《Rhino3D产品建模实例》。本书可以看作第一本书的全面升级版，虽然内容还是以工业设计为主题，但无论是题材的选择范围，还是建模技法、表述方式等都有了全方位的飞跃！

虽然犀牛软件已经升级为一款全能建模软件，出现了细分、多边形等建模模块，但笔者认为，其精华还是NURBS曲面建模技术。所以本书在建模模块的选择上还是主要偏向NURBS建模技术。

在案例的选择上，尽量做到与时俱进，紧跟时代的发展，同时不忘向经典致敬。或是选择经典、不会过时的造型，或是选择外形非常时尚、高颜值的模型，让读者在学习建模技术的同时，受到美的熏陶。

本书的技术支持也和20年前大不相同了，当时的图书很多还配备光盘作为资源载体，如今的互联网时代，所有资源都已经网络化。为了方便读者学习、使用本书，本书提供了一个资源包，其中包括每个案例的分节模型源文件。每个小节完成后都会另存一个和该小节同名的模型文件，保证读者能获得同步的技术支持，即便在自学的情况下也不会半途而废。每章案例的资源包读者可扫描章首页上的二维码进行下载。

案例源文件是按章节和案例顺序存放的。每个案例都有一个独立的文件夹。例如，第3章的案例是电熨斗，该章节包括6个小节，每个小节又包含若干子小节，一共有24个子小节。在模型文件资源包中，每个子小节都有一个对应的模型文件。模型文件名和子小节的编号完全相同，以方便读者调用、参考。

本书中的案例、流程、方法和技巧，不可避免地参考、借鉴了国内外专家、高手的作品，由于条件所限无法一一告知，在此一并致歉并表示衷心感谢。

限于笔者的水平和能力，书中不足之处在所难免，欢迎广大读者批评指正、不吝赐教。

编　者

目录 Contents

第 4 章　电吹风

第 5 章　水龙头

第 6 章 电动剃须刀

第 7 章 对讲机

第1章
Rhino 建模概述

　　本章将对 Rhino 的主要建模工具和技法做一个概述，为后续的案例建模做好准备。

　　Rhino 目前已经发展到 7.0 版本，各种菜单、面板、命令和按钮数量众多，初学者往往不知从何下手。其实，对于熟练的模型师而言，Rhino 的常用工具数量并不多。最常用的"高频工具"甚至不超过 10 个。建模的过程其实就是按照合理的思路和流程，科学、有序地使用工具。

　　因此，首先需要熟练掌握常用工具的使用技法，其次是深入理解主要建模指令之间的逻辑关系并掌握合理的建模流程。当二者高度统一时，建模就成了水到渠成、顺理成章之事。

1.1 曲线的创建

Rhino 是一个"以线带面"的建模软件，绝大多数曲面的创建都需要先创建曲线，再使用特定的工具用曲线生成曲面。在 Rhino 建模过程中，对于曲线的操作所花费的时间通常要占据大半。因此，对曲线的创建、编辑和匹配等操作成为该软件操作的重要基本技术。

本节将从曲线的创建与编辑、阶数、提取和匹配等几个维度，对曲线的构建方法做一个全面讲解。

1.1.1 控制点曲线和内插点曲线

Rhino 中曲线的创建主要会使用到两个工具：控制点曲线工具和内插点曲线工具。其按钮都位于"曲线"工具面板之中，如图 1-1 所示。

控制点曲线工具是最常用的一种创建曲线的工具，命令为 Curve。通过鼠标定义每个控制点的位置，即可创建曲线。其特点是，除了曲线的起点和终点，其他的控制点都不在曲线上。图 1-2 为控制点曲线工具绘制的一条 S 形曲线，可以明显看到上述特点。

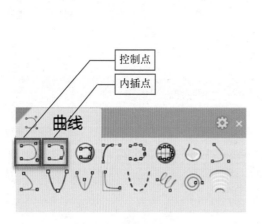

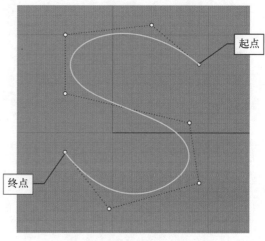

图1-1　两种曲线绘制按钮　　　　　图1-2　控制点曲线工具绘制的S形曲线

在绘制控制点曲线的过程中，随时可以通过按 U + 回车（或空格）组合键将前一个控制点删除。如果需要，这个操作可以把所有控制点全部删除。

内插点曲线工具的命令是 InterpCrv，在绘制曲线时，所有的点都与曲线重合。由于在绘制曲线时就可以精确控制其形态，因此这个工具比较适合用来描绘变化较为丰富的曲线。

上述两种曲线绘制工具如何选择，要看绘制的曲线是何种类型。如果需要很平滑流畅的曲线，通常采用控制点曲线工具。由于控制点曲线的控制点数量较少，很方便编辑，更容易产生平滑的效果。在相同情况下，内插点曲线上的点数量会远多于控制点曲线。图 1-3 为两种 S 形曲线的对比，控制点曲线上的点只有 8 个，内插点曲线上的点多达 18 个。由此可见，在这种情况下，控制点曲线是不二之选。在建模实践中，控制点曲线工具的运用领域也要比内插点曲线工具广泛得多。

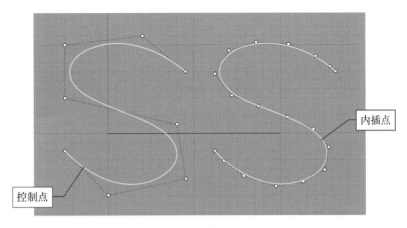

图1-3　两种曲线的对比

图 1-4 为一个小象挂件的轮廓曲线（左图）和成品渲染图（右图）。左图左上角的 3 条曲线用于创建鼻子，右侧的 3 条曲线用于创建身体。这里为了获得平滑的曲面，所有的轮廓曲线都采用了控制点曲线工具绘制。

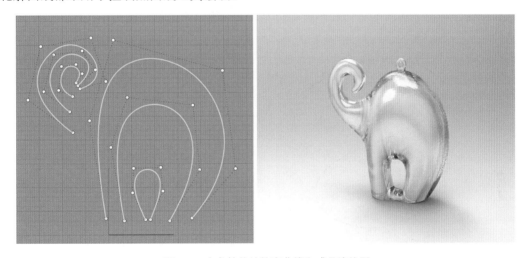

图1-4　小象挂件的轮廓曲线和成品渲染图

1.1.2　曲线的编辑

创建完成后的曲线，往往需要做进一步的编辑处理，使之符合要求。曲线的编辑主要包括控制点的变换和添加、删除等操作。

所谓变换操作，指的是对单个或多个控制点做移动、选择或缩放处理，这几个操作都可以采用操作轴工具进行设置。

（1）移动是最常见的操作，通过移动控制点可以直接改变曲线的形态。同时选中一个或多个控制点，采用操作轴上的移动工具移动控制点，曲线形态随之改变。为了方便观察，新形态显示为亮黄色，原形态显示为黑色，如图 1-5 所示。

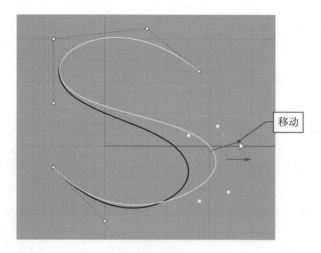

图1-5　控制点的移动操作

（2）控制点的旋转操作，需要同时选中两个或以上的控制点（一个点没有意义）。旋转的方法分为手动和数值输入两种。手动旋转时，将光标放置到操作轴左下角的蓝色圆弧上，按住鼠标控制旋转的方向和角度即可。图1-6所示为逆时针旋转控制点操作。

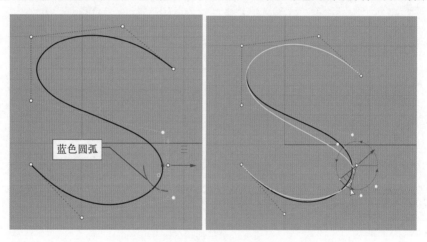

图1-6　控制点的手动旋转

数值输入旋转，这种旋转方式是通过数值输入产生旋转，特点是精准高效。选中控制点之后，在蓝色圆弧上单击鼠标，会出现一个文本输入框，在文本框中输入旋转角度的数值（正数为顺时针，负数为逆时针）即可，如图1-7所示。

（3）控制点的缩放操作较为特殊，实质上是改变控制点之间的相对距离和相对位置关系，这可以当成一种特殊的移动操作。

例如，要创建一个等腰梯形，可以先创建一个矩形，再同时选中上方的两个控制点，采用操作轴上的缩放工具沿水平方向缩放，将两个控制点之间的距离等比例拉开即可。这个方法相比单独移动控制点既高效又准确，如图1-8所示。

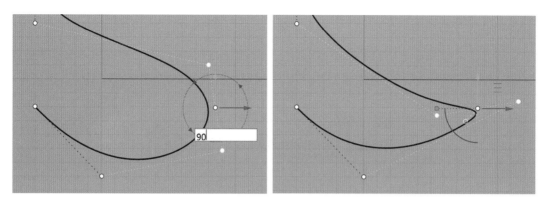

图1-7　控制点的数值旋转

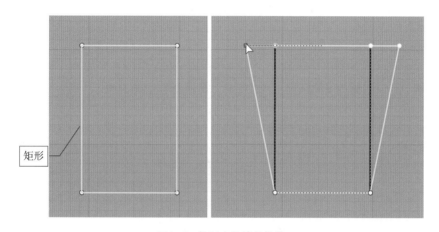

图1-8　控制点的缩放操作

　　利用缩放的数值输入操作，还可以实现控制点的位置对齐。例如，要将 S 形曲线上的两个控制点（图 1-9 中红圈所示）设置为水平高度一致，可以将两个控制点同时选中，在操作轴 Y 轴缩放手柄上单击鼠标，在弹出的文本框中输入 0，即可将两个点在 Y 轴向上的高度设置为一致。

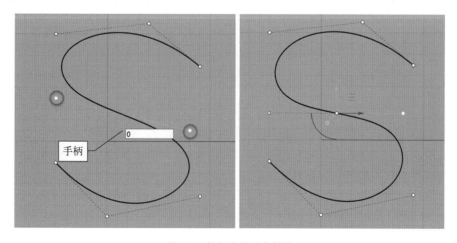

图1-9　控制点的对齐操作

1.1.3　曲线的阶数

在输入了 InterpCrv 命令之后，命令行会显示曲线的"阶数"，默认值为 3。这个数值是可以根据需要设置的。如果需要设置，可以直接通过键盘输入需要的阶数，如图 1-10 所示。

图1-10　默认阶数和设置

曲线的阶数越高就意味着生成的曲线越光滑。Rhino 中的曲线阶数可以在 1～11 之间任意设置。阶数越高，需要指定的控制点数量就越多。但是在控制点数量不足的情况下，高阶曲面并不能表现出它的特征。极端的例子是，如果绘制一条只有两个控制点的曲线，无论阶数如何设置，呈现的都是一条直线。

具体而言，控制点数量要达到"阶数 +1"才能体现出阶数的设置。举例来说，如果是 3 阶曲线，就需要至少 4（3+1）个控制点。其他阶数依此类推。

这里来做一个曲线阶数的对比试验，可以充分表现阶数对曲线形态的影响。首先，采用 5 阶绘制一条由 6 个控制点生成的 S 形曲线，如图 1-11 所示。

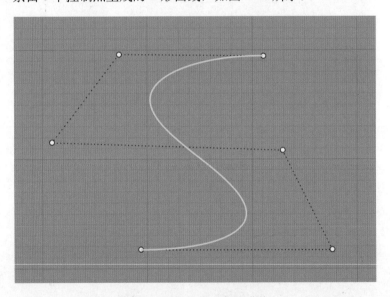

图1-11　绘制一条5阶S形曲线

确保上述曲线处于选中状态，再次执行 InterpCrv 命令，将阶数设置为 4。打开"点"捕捉，依次捕捉 5 阶曲线上的所有控制点，绘制一条 4 阶 S 形曲线，结果如图 1-12 所示。对比两条曲线，5 阶曲线明显更加平滑。

依此类推，再利用 5 阶曲线上的控制点绘制 3 阶和 2 阶 S 形曲线，如图 1-13 所示，对比 4 条曲线可以发现，随着阶数的提高曲线会越来越平滑。

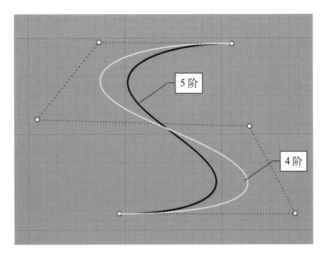

图1-12　绘制4阶曲线

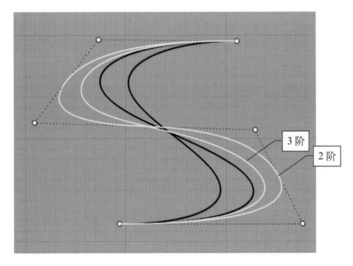

图1-13　绘制3阶和2阶曲线

1.1.4　曲线的提取

除了前两个小节讲解的主动创建曲线之外，还有几种从曲面上提取曲线的工具也比较常用。这些工具主要集中在"从物件建立曲线"面板中，如图 1-14 所示。

图1-14　"从物件建立曲线"面板

复制边缘（命令 DupEdge）工具可用于将面的边缘复制下来成为曲线，遇到转折处会自动分段。操作步骤为执行命令后，选择需要复制的曲面边缘，按回车键确认，如图 1-15 所示。

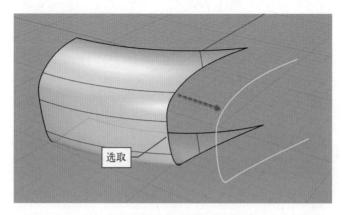

图1-15　复制边缘工具

复制边框（命令 DupBorder）工具可以将曲面的所有边框一次性提取、复制出来。操作方法是，执行命令后，单击需要复制边框的曲面，按回车键确认，如图 1-16 所示。

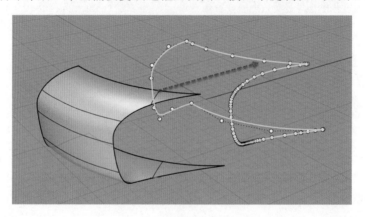

图1-16　复制边框工具

抽离结构线（命令 ExtractIsocurve）工具可以抽离曲面上指定位置的结构线为曲线。在指定了曲面之后，可以通过命令行的设置抽离水平方向、垂直方向或两方向 3 种结构线，如图 1-17 所示。

物件相交（命令 Intersect）工具可以求出两条曲线或曲面之间的交集，建立点或曲线。如果是求曲线的交点，两条曲线可以不共面，但是必须有实质性交点，而非投影交点，如图 1-18 所示，1 号曲线和 2 号曲线并非共面，但有实质性相交，因此可以求出二者的交点。求两个曲面的交线，其实就是求两个曲面之间的相贯线，这条线同时分布在两个曲面上，如图 1-19 所示。

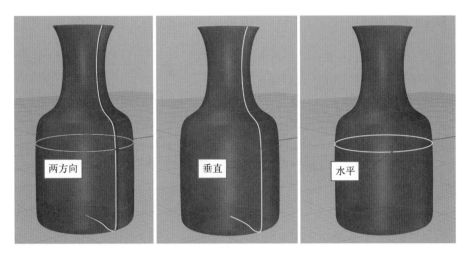

图1-17　抽离结构线的3种设置

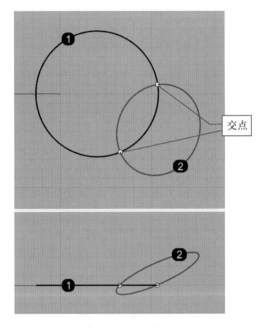

图1-18　求曲线交点

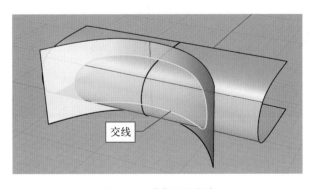

图1-19　求曲面的交线

1.1.5 曲线的匹配

与曲线曲率和连续性相关的工具都集中在"曲线工具"面板中,最常用的工具是"混接曲线"和"衔接曲线",如图 1-20 所示。

混接曲线(命令 BlendCrv)工具可以在两条曲线之间,或曲线和曲面边缘之间建立混接曲线,而且还可以做后期动态调整。

在两条曲线之间混接时,两条曲线的端点之间通常会留有间隙。利用这个工具生成混接曲线能光滑连接两条曲线,如图 1-21 所示为混接操作的典型情况。

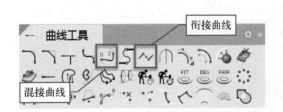

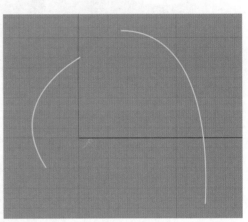

图1-20 "曲线工具"面板　　　　　　　　图1-21 用于混接的两条曲线

使用混接曲线工具对接两条曲线的端点,在"调整曲线混接"对话框中可设置连续性的类型。通常设置为 G2 级别的"曲率"类型就够用了。还可以在视图中调节控制点,编辑混接曲线的形态。如果按住 Shift 键,还可以做对称调节,如图 1-22 所示。

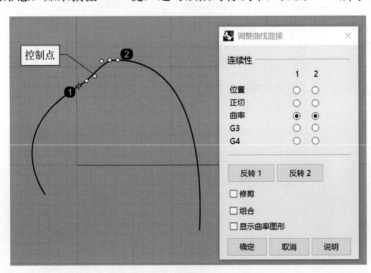

图1-22 混接曲线的设置

在混接曲线的命令行中,有一个"边缘"选项,可用于曲线和曲面边缘之间的混接,如图 1-23 所示。

```
指令: _BlendCrv
选取要混接的曲线 ( 边缘(E)  混接起点(B)=曲线端点  点(P)  编辑(D) )
```

图1-23　命令行中的"边缘"选项

曲线与曲面边缘的混接，实质上是曲线与曲面上对应结构线之间的混接操作。图 1-24 是一种典型的曲线与曲面边缘混接的实例。执行 BlendCrv 命令后，先选择曲线，再到命令行中选择"边缘"选项，然后在曲面边缘上指定混接的位置，即可生成混接曲线。

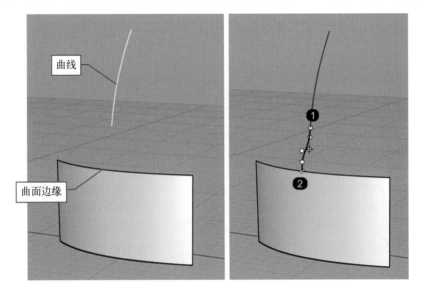

图1-24　曲线与边缘的混接

1.2　曲面的创建和编辑

常用的曲面创建工具主要包括放样、混接曲面、网线成面、直线挤出、单轨扫掠、双轨扫掠和旋转成形等。

常用的曲面编辑工具包括曲面圆角、衔接曲面、边缘圆角等。

1.2.1　常用的曲面创建工具

曲面创建工具主要集中在"建立曲面"面板中，如图 1-25 所示。

1. 放样

放样（命令 Loft）工具用于在两条以上的断面曲线之间建立曲面。图 1-26 是一种非常典型的放样成面实例，用于放样的断面曲线之间隔开了一定的间隙。

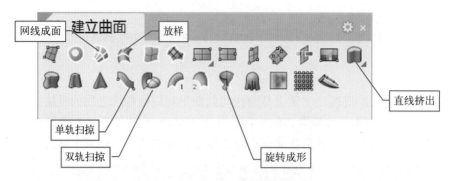

图1-25 "建立曲面"面板

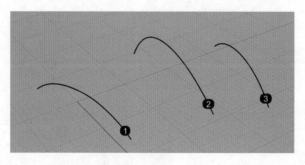

图1-26 放样的典型实例

图 1-26 中的 3 条曲线，在选择顺序和选择的位置上需要格外注意。不同的选择顺序，会产生不同的放样结果。图 1-27 所示为 1-2-3 和 1-3-2 两种不同选择顺序所产生的放样结果。

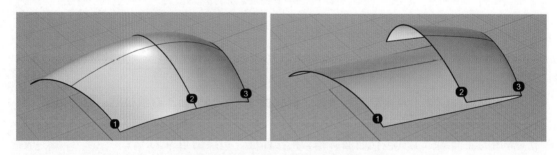

图1-27 两种不同选择顺序的放样

选择断面曲线时单击的位置也会影响放样结果，通常需要在同一侧单击，如果在不同侧位置单击，会生成扭曲的放样面，如图 1-28 所示。

除了上述典型性放样实例，还有非典型性放样，放样断面曲线可以在某个端点重合。如图 1-29 所示，红圈中 3 条曲线交汇于一个点。

执行 Loft（放样）命令，按照 1-2-3 的顺序在同侧单击 3 条曲线，放样结果如图 1-30 所示。

2. 从网线建立曲面

从网线建立曲面（命令 NetworkSrf）工具用于将网状交织的曲线建立曲面。对于网状曲线，要求一个方向的曲线必须跨越另一个方向的曲线，而且同方向的曲线不可以相互跨越，如图 1-31 所示为一种典型的网线结构。

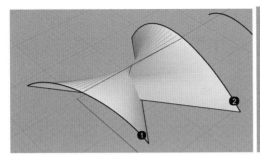

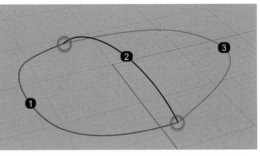

图1-28　扭曲放样面

图1-29　非典型性放样

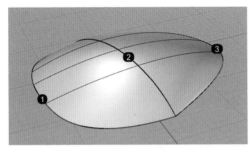

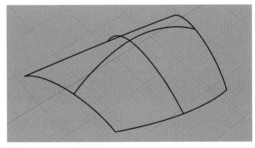

图1-30　放样结果

图1-31　典型网线结构

对于图 1-31 中的网线结构，如果采用不同的选择顺序，会产生不同的结果。如果全选所有网线并执行 NetworkSrf 命令（这个操作也可以反过来），将在所有网线之间建立曲面，如图 1-32 所示。

如果只选择其中相交的 4 条曲线，那么曲面将只在这几条曲线之间产生，如图 1-33 所示。其他选择方式所产生的结果可以依此类推。

网线成面所依据的曲线端点或交点不一定严格对齐，也允许某个方向的曲线在端点吸附在一起。图 1-34 中的 1 号、2 号和 3 号曲线交汇于一个点，3 号与 4 号曲线并没有实质性交点。

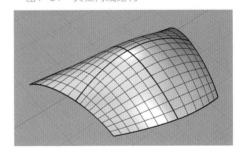

图1-32　网线成面

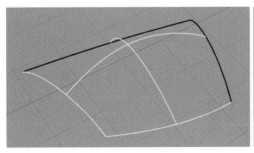

图1-33　局部生成曲面

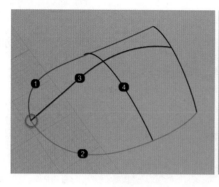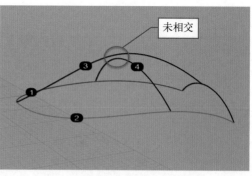

图1-34 非典型性网线

上述网线所生成的曲面如图 1-35 所示。

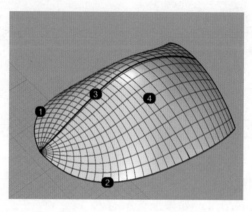

图1-35 非典型性网线成面

3. 单、双轨扫掠

单轨扫掠（命令 Sweep1）工具可以沿着一条路径扫掠通过若干条断面曲线（或端点）建立曲面。图 1-36 是一种典型的单轨扫掠实例，1 号曲线作为路径，2～4 号曲线作为断面，断面的数量不受限制。

操作时，首先选择作为路径的 1 号曲线，然后按顺序选择 2～4 号断面曲线，生成扫掠曲面，如图 1-37 所示。

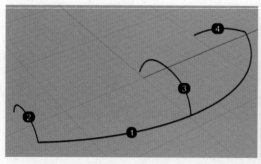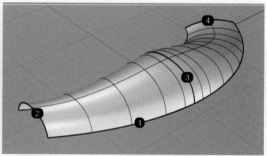

图1-36 典型的单轨扫掠　　　　　　图1-37 单轨扫掠成面

双轨扫掠（命令 Sweep2）工具可以沿着两条路径扫掠通过若干条断面曲线（或端点）

建立曲面，创建的曲面边缘比单轨扫掠更加精准。

图 1-38 中的 1 号和 2 号为两侧的路径曲线，3 号和 4 号为断面曲线，5 号为路径曲线的交汇点。

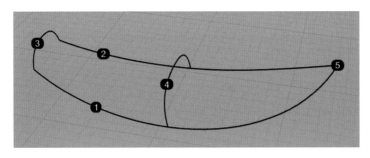

图1-38　双轨扫掠的路径和断面

操作时，首先选择 1 号和 2 号两条路径曲线，再选择 3 号和 4 号断面线。选择 5 号端点之前，需要到命令行单击"点"按钮。生成的双轨扫掠曲面如图 1-39 所示。

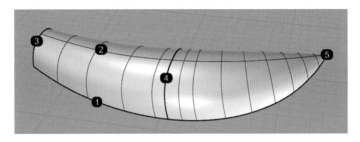

图1-39　双轨扫掠曲面

4. 挤出成面

直线挤出（命令 ExtrudeCrv）工具将曲线朝一侧或两侧挤出建立曲面。一般有 3 种情况——直线、平面曲线和非平面曲线。

平面曲线的挤出最为简单，其默认的挤出方向就是其所在平面的垂直方向，如图 1-40 所示。

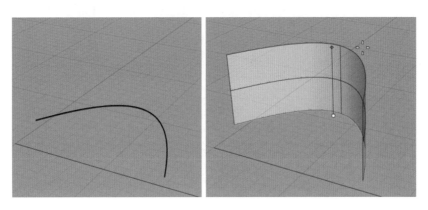

图1-40　平面曲线的挤出

对于直线和非平面曲线的挤出，默认的挤出方向未必符合需求，往往需要手动控制其挤出方向。操作方法如下：执行 ExtrudeCrv 命令，选择需要挤出的曲线，然后在命令行选择"方向"选项。回到视图（通常是某个正交视图）中，手动指定挤出的方向，最后将曲线挤出成面，如图 1-41 所示。

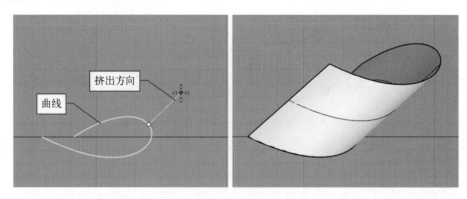

图1-41　手动控制挤出方向

5. 旋转成形

旋转成形（命令 Revolve）工具以一条轮廓曲线绕着旋转轴旋转建立回转体曲面。图 1-42 为一个典型的旋转成形实例，轮廓曲线绕一根旋转轴旋转 360°，形成一个花瓶模型。

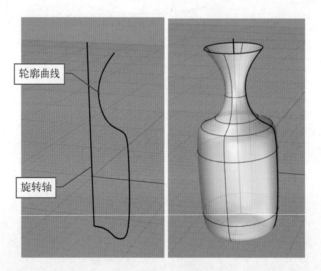

图1-42　典型旋转成形实例

实际操作中，旋转轴不需要创建实体线条，虚拟轴也是可以的。

另一个比较特殊的旋转成形工具是沿路径旋转（命令 RailRevolve）工具，以一条轮廓曲线沿着一条路径曲线，同时绕着中心轴旋转建立曲面。

图 1-43 为一个典型的路径旋转成形实例。3 条曲线分别是轮廓曲线、路径曲线和中心轴。操作时，依次选择轮廓曲线、路径曲线，再指定旋转轴，即可生成曲面。

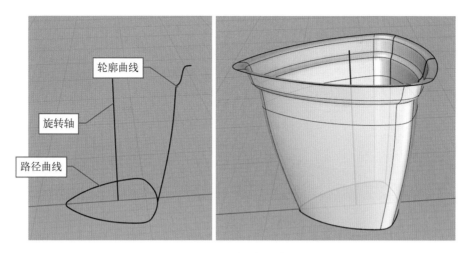

图1-43　沿路径旋转成形

1.2.2　曲面的编辑

曲面的编辑工具主要集中在"曲面工具"面板中。最常用的工具包括曲面圆角、混接曲面、衔接曲面和偏移曲面等，如图 1-44 所示。

图1-44　"曲面工具"面板

1. 曲面圆角

曲面圆角（命令 FilletSrf）工具在两个单独曲面之间建立指定半径的圆角曲面。图 1-45 是一种典型实例，圆筒形曲面和平面之间互相穿插。

执行 FilletSrf 命令之后，先设置圆角的半径。然后先后单击圆筒和平面，或先后单击平面和圆筒。根据单击位置的不同，会产生 4 种结果。

如果先单击圆筒，再单击圆筒内部的平面，会删除圆筒范围之外的平面，并在二者之间生成圆角，第一种结果如图 1-46 所示。

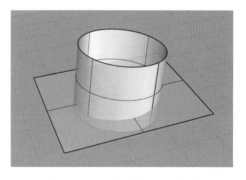

图1-45　创建曲面圆角典型实例

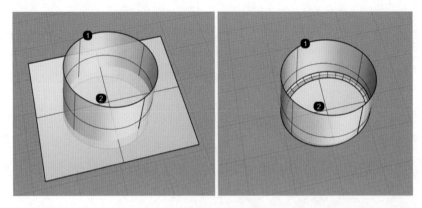

图1-46　第一种结果

如果在单击圆筒之后，再单击其范围之外的平面，则会修剪掉圆筒内部的平面，第二种结果如图 1-47 所示。

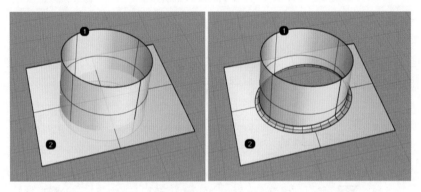

图1-47　第二种结果

如果先单击平面，再单击圆筒，又会有两种不同的曲面圆角结果产生，另外两种结果如图 1-48 所示。读者可自行尝试。

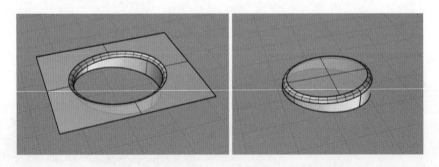

图1-48　另外两种结果

2. 混接曲面

混接曲面（命令 BlendSrf）工具在两个曲面边缘之间建立曲面，将两个面光滑连接起来。混接曲面的典型实例如图 1-49 所示，两个曲面之间的空隙需要采用光滑的曲面填补起来。

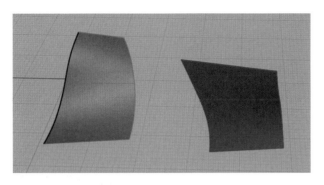

图1-49 混接曲面的典型实例

执行 BlendSrf 命令，单击两个曲面边缘同侧，会生成混接曲面的预览并弹出"调整曲面混接"对话框，如图 1-50 所示。

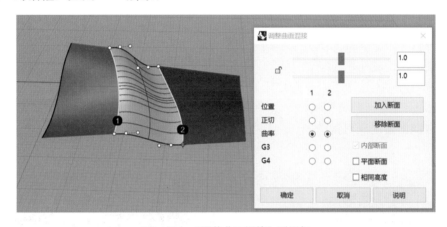

图1-50 "调整曲面混接"对话框

在"调整曲面混接"对话框中，上方的两个滑块用于调节混接曲面的转折程度，滑块越靠右，则转折程度越大。反之，滑块越靠左，混接曲面越平直。图 1-51 所示为两种不同滑块位置所产生的曲面转折对比。

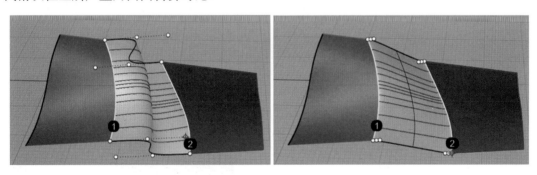

图1-51 两种不同转折对比

如果是一个面与多个面或多个面与多个面之间的曲面混接，在选择边之前，先在命令行中选择"连锁边缘"选项，再到视图中选择一组连续的边缘，按回车键确认，最后选择另一组边即可。

多个曲面混接操作的实例如图 1-52 所示，可以先选择 3 号边，按回车键之后，再选择 1 号边和 2 号边。也可以先选择 1 号边和 2 号边，按回车键之后，再选择 3 号边。

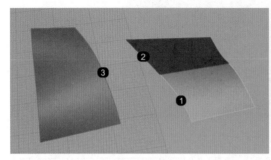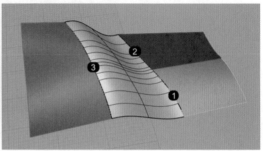

图1-52 多个曲面混接操作

3. 衔接曲面

衔接曲面（命令 MatchSrf）工具用于调整曲面的边缘与其他曲面衔接，可以和其他曲面形成位置、正切或曲率连续。

在实际工作中，这个工具一般用于两个已经衔接在一起但曲率不连续的曲面之间的曲率调整。图 1-53 为一个典型实例，红色和黄色的曲面有共同的边缘，但是二者的曲率却不连续。右侧图案是斑马纹分析，可以看出斑马纹有明显错位情况，说明二者之间是 G0 级别连续。

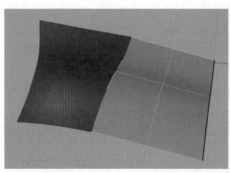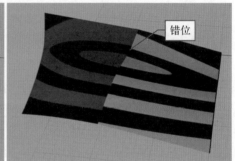

错位

图1-53 典型的衔接曲面实例

用衔接曲面命令匹配两个曲面时，通常只需要改变一侧的曲面。因此应首先确定编辑哪一边的曲面。以图 1-54 中的实例"选择黄色曲面边缘"为例，如果现在左侧红色曲面不能动，需要改变右侧黄色曲面的形态与其匹配，具体操作如下。

（1）执行 MatchSrf 命令，在两个曲面的分界线上单击鼠标，在弹出的"候选列表"中选择黄色的曲面边缘，如图 1-54 所示。

（2）在黄色曲面靠近接缝处单击鼠标，

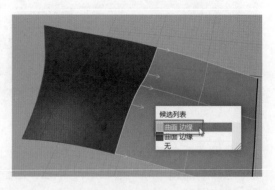

候选列表
曲面 边缘
曲面 边缘
无

图1-54 选择黄色曲面边缘

会弹出"衔接曲面"对话框。根据需要在对话框中做相关设置，"连续性"和"维持另一端"都设置为"曲率"模式效果最好，如图 1-55 所示。

（3）单击"确定"按钮，完成曲面衔接设置。再次用斑马纹检查两个曲面的连续性，可以看到条纹非常平顺，达到 G2 级别连续，如图 1-56 所示。

图1-55　"衔接曲面"对话框　　　　　　　　图1-56　G2级别连续

4. 边缘圆角

这个工具与曲面圆角类似，但是功能更加强大、适用场合更多。曲面圆角只能在两个单独的曲面之间创建圆角，在两个以上的曲面之间创建圆角就无能为力了。

在图 1-57 所示的长方体模型上，要在顶面和 4 个侧面之间同时形成圆角。如果采用曲面圆角工具，由于这个工具每次只能在两个曲面之间生成圆角，因此只能在顶面和 4 个侧面之间单独做 4 次倒圆角处理。

观察图 1-57 中曲面圆角处理的结果，发现问题非常严重，四个转角处（红圈）都出现了曲面的穿插和缝隙，完全不符合需要。

而采用边缘圆角（命令 FilletEdge）工具就可以轻松解决这个问题。这个工具位于"实体工具"面板中，用左键单击可创建等距边缘圆角，用右键单击可创建不等距边缘混接，如图 1-58 所示。

采用边缘圆角工具的前提是，必须将所有曲面组合成一个整体。执行 FilletEdge 命令，设置圆角半径，然后选择需要创建圆角的边缘。如果每个边缘的圆角半径不同，需要重复上述操作。如图 1-59 所示，4 条边缘分别设置了 1.0mm、0.8mm、0.6mm 和 1.2mm 的圆角半径。

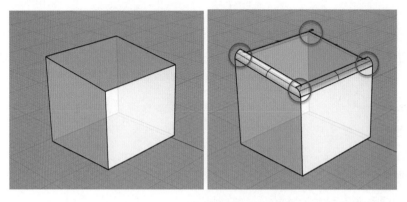

图1-57　顶面和侧面的曲面圆角处理

图1-58　"实体工具"面板中的边缘圆角图标

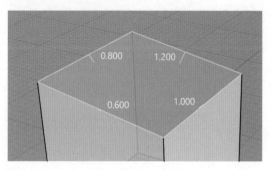

图1-59　设置边缘圆角半径

　　按回车键确认后，可以通过手柄再次手动或数值设置每条边的圆角，允许每条边两端的圆角半径不一致，如图 1-60 所示。

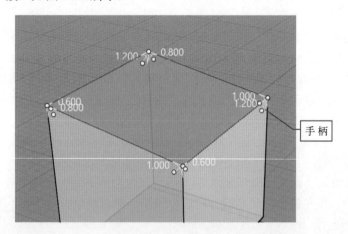

图1-60　手动设置圆角半径

　　边缘圆角处理的结果如图 1-61 所示，每个圆角的交界处都自动做了缝合、修剪处理，效果非常完美。

　　上述案例是一个非常简单的情况，实际工作中遇到的圆角过渡会比这个案例复杂得多。边缘圆角工具虽然不能处理所有的情况，但是可以在前期处理中起到一定作用，降低圆角处理的难度并减小工作量，是一个极其有用的工具。

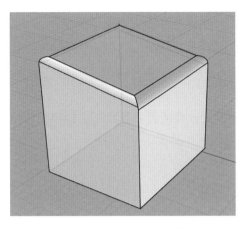

图1-61　边缘圆角处理的结果

　　曲面之间的圆角过渡，是工业曲面设计中最常见的一种操作。图 1-62 所示为一些较复杂的曲面圆角处理模型。

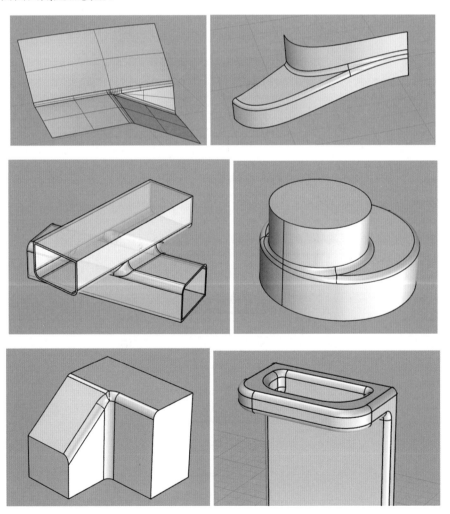

图1-62　较复杂的圆角过渡模型

后面的案例环节中，有大量复杂过渡曲面的创建实例。

1.3 建模流程

和很多工作一样，Rhino 的建模流程和思路对于建模而言具有重要意义，合理、科学的流程可以大幅提高建模的效率和品质。本节将用一个小象挂件的建模过程，来分析一下建模流程和思路的具体应用。

1.3.1 建模步骤流程图

一个模型的创建从背景图导入开始，直到最终完成，需要经历多个步骤。图 1-63 所示为建模流程。

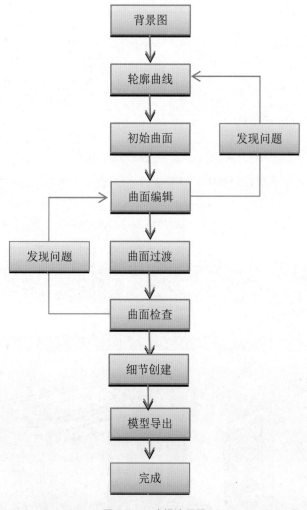

图 1-63 建模流程图

第一步，背景图的导入是为了提供一个参考图，这样可以为后续建模提供准确依据。

第二步，根据背景图创建轮廓曲线或基本几何体。

第三步，利用轮廓曲线，采用各种曲面创建工具生成曲面。

第四步，对曲面做进一步编辑处理，包括修剪、切割、重建等，此时如果发现曲面有问题，应回到轮廓曲线步骤，重新修改。

第五步，创建各种过渡曲面、圆角过渡等。

第六步，对曲面做检查，如果有问题，回到曲面编辑步骤重新编辑。

第七步，模型创建一般都遵循先整体后局部、先主体后细节的思路。主体完成后，再添加主体上的相关细节，如沟槽、开孔、端盖或吊环等。

第八步，如果需要导出模型到其他软件继续编辑或 3D 打印，就要做导出设置。

1.3.2　一个模型创建的案例

本小节以一个小象挂件的建模为案例，讲解如何采用科学流程创建一个完整的模型。小象挂件的模型成品如图 1-64 所示。

1. 导入背景图

首先在 Front 视图中导入一张侧面背景图，背景图的大小应根据最终模型的大小做适当缩放，如图 1-65 所示。

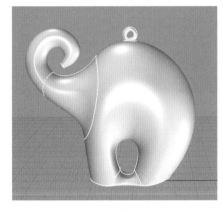

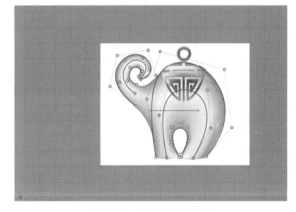

图1-64　小象挂件成品图　　　　　　　　　　图1-65　导入侧面背景图

将背景图的透明度适当降低，目的是降低背景图的饱和度，方便观察曲线和曲面，如图 1-66 所示。

2. 创建轮廓曲线

参考背景图，采用控制点曲线工具绘制 6 条轮廓曲线，分别对应象鼻和躯干轮廓，如图 1-67 所示。

对位于象鼻和躯干中间位置的轮廓曲线做编辑，再将两条曲线以 X 轴为对称中心复制镜像到另一侧，如图 1-68 所示。

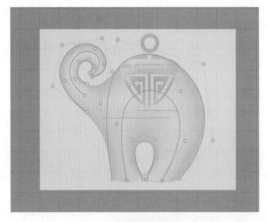

图1-66 降低背景图的透明度

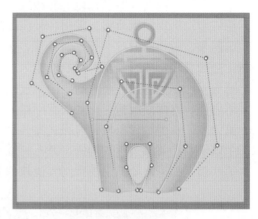

图1-67 绘制轮廓曲线

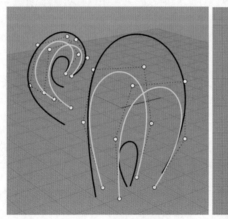
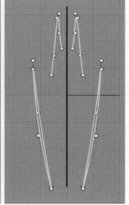

图1-68 编辑和镜像曲线

3. 创建曲面

使用象鼻和躯干的轮廓曲线，采用曲面创建工具生成象鼻和躯干的初始曲面，如图 1-69 所示。

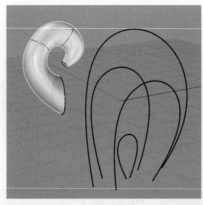
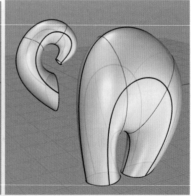

图1-69 创建象鼻和躯干初始曲面

4. 曲面编辑

这一步可以打开曲面的控制点,对控制点做编辑,进一步修改模型的形态。也可以对曲面做重建处理,增加或减少控制点,以便对曲面做编辑,如图 1-70 所示。

如果发现曲面有比较大的缺陷,可以删除曲面,重新编辑轮廓曲线。再用曲面生成工具重新生成曲面。

5. 曲面过渡

这一步将生成几处曲面连接过渡——象鼻和躯干之间的过渡曲面及两条腿之间的过渡曲面。为了创建象鼻和躯干之间的过渡曲面,要对二者做修剪。参考背景图,绘制两条曲线,再用曲线分别修剪象鼻和躯干,在躯干上形成一个空洞,如图 1-71 所示。

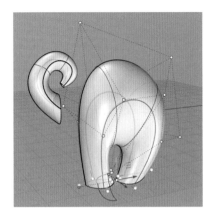

图1-70　编辑曲面

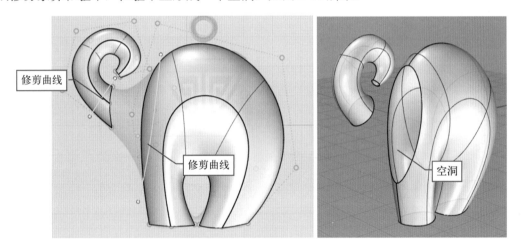

图1-71　象鼻和躯干的过渡准备

接下来,在象鼻和躯干曲面之间建立过渡曲面,如图 1-72 所示。

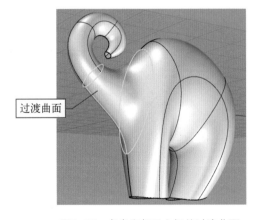

图1-72　象鼻和躯干之间的过渡曲面

创建一条 U 形曲线，对其两侧的躯干曲面做修剪，创建两腿之间的连接曲面，如图 1-73 所示。

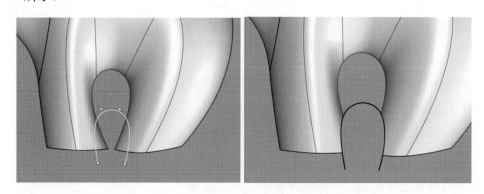

图1-73　修剪躯干

采用曲线编辑和绘制工具，创建过渡曲面所需的网格线，用这些曲线生成两腿之间的过渡曲面，如图 1-74 所示。

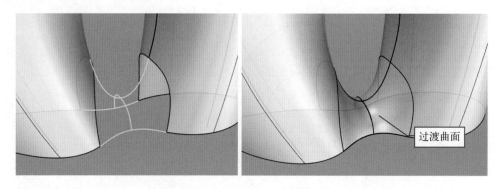

过渡曲面

图1-74　创建两腿间的过渡曲面

在躯干底部创建曲面，对底部的开孔加盖。再创建盖子和躯干之间的过渡圆角，如图 1-75 所示。

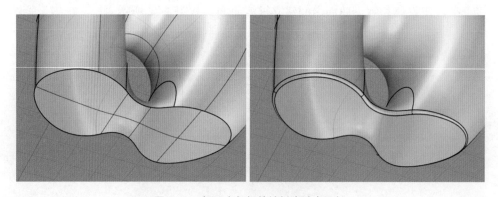

图1-75　躯干底部加盖并创建过渡圆角

6. 曲面检测

模型的主要曲面创建完成后，可以做一次曲面检测，重点检测躯干、象鼻和二者之间的过渡曲面。加载斑马纹检查，会发现象鼻与过渡曲面的连接非常平滑，躯干与过渡曲面之间连接品质稍差，部分斑纹有比较明显的转折现象，如图 1-76 中红圈处所示。

上述检测结果如果不符合要求，可删除过渡曲面重新生成。可以采用原来的工具重新设置后生成，也可以尝试其他曲面创建工具生成过渡曲面，直到符合要求为止。

经反复尝试，最终发现采用双轨扫掠工具生成的过渡曲面质量最好。首先在象鼻和躯干之间创建两条混接曲线，将二者光滑连接。再用双轨扫掠工具生成过渡曲面，如图 1-77 所示。

图1-76　斑马纹检测

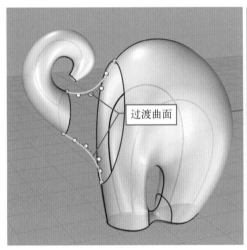

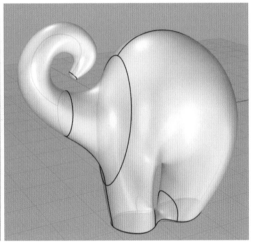

图1-77　双轨扫掠工具生成过渡曲面

再次使用斑马纹检测，过渡曲面与躯干之间的连接质量有所提高，达到了 G2 级别，如图 1-78 所示。

7. 细节制作

到目前为止，模型的主体都已创建完成。接下来的步骤是根据需要添加细节。小象挂坠上有两个细节需要添加，一个是背部的吊环，另一个是象鼻的端盖。这些细节都是依附于主体曲面生成的，所以必须在主体曲面创建完成后才能添加。

象鼻的端面可以采用嵌面（命令 Patch）工具创建，在"嵌面曲面选项"对话框中做相关设置，如图 1-79 所示。

图1-78　G2级别连续

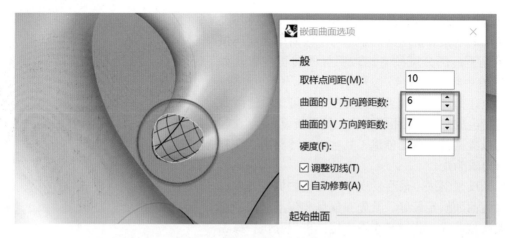

图1-79　象鼻端盖的创建

对于背部的吊环，首先参照背景图创建一个圆环（命令 Torus）模型，如图 1-80 所示。

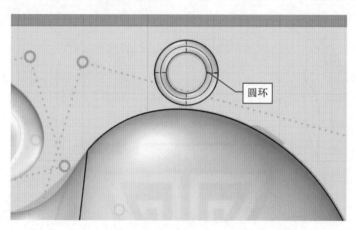

图1-80　创建圆环模型

用切割工具创建圆环和躯干曲面上的开孔，再采用曲面创建工具创建二者之间的过渡曲面，如图 1-81 所示。

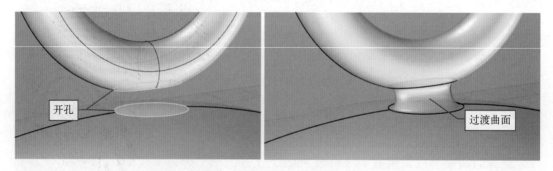

图1-81　创建两个曲面之间的过渡曲面

8. 模型导出

模型创建完成后，如果还要到其他软件中做进一步的编辑、渲染或做 3D 打印，就需要做导出模型的处理。

　　Rhino 是专门的 NURBS 创建软件，用它创建的模型都是 NURBS 模型。输出到其他软件之前，一般应将其转为多边形模型。多边形是几乎所有三维软件都支持的模型格式，比较常见的多边形导出格式有 3ds、iges 和 obj 等。

　　3D 打印用模型通常导出为 STL 格式。本小节以 STL 格式导出为例，讲解导出的方法和相关设置。

　　（1）选中需要导出的曲面，执行"文件 "｜"导出选取的物件"菜单命令，弹出"导出"对话框，在"保存类型"下拉列表中选中 STL 格式，在"文件名"文边框中输入保存的名称，如图 1-82 所示。

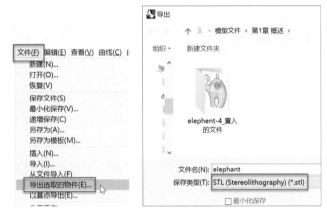

图1-82　导出命令和格式设置

　　（2）单击"保存"按钮，弹出"网格详细设置"对话框，单击对话框底部的"预览"按钮，可以观察模型表面网格的分布和密度，如图 1-83 所示。

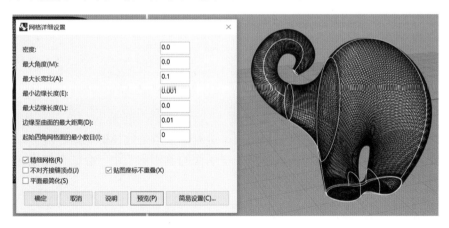

图1-83　观察模型表面网格分布

　　（3）根据需要在"网格详细设置"对话框中设置相应参数。其中，对网格面密度和外观影响较大的参数是"最小边缘长度"和"最大边缘长度"两个参数，这两个参数用于控制细分网格的最小边缘长度和最大边缘长度。

　　图 1-84 所示为最大边缘长度为 1（左图）和 5（右图）的对比，左侧的模型网格密度

明显大于右侧。

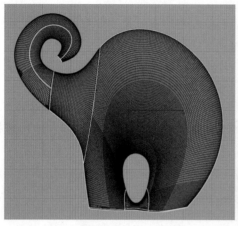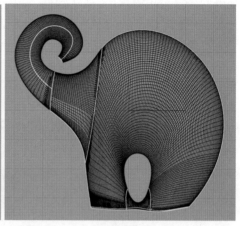

图1-84　两种最大边缘长度对比

左侧模型的表面更加细腻、光滑，同时模型的面数和存盘文件也会相应变大。右侧模型的特点与之恰好相反。在这个案例中，右侧模型的三角面数量约为左侧模型的56%。具体使用哪种设置，要看项目的要求，没有严格规定。

（4）最后会弹出"STL 导出选项"对话框，单击"确定"按钮完成模型的导出，如图 1-85 所示。

图1-85　"STL导出选项"对话框

这个案例的创建流程介绍到此全部结束，讲解的重点是建模的思路和流程，并没有具体讲解工具的应用和编辑设置等技术细节。在后面的案例章节中，会结合流程详细讲解每个步骤、工具和指令的使用方法与技巧。

扫码下载本章素材文件

第2章
鼠标的建模

本章详细讲解一个鼠标的建模过程，涉及的技术环节包括背景图的设置、曲线的绘制、曲线的编辑、曲面的生成和切割等。鼠标成品的渲染图如图2-1所示。

图2-1　鼠标成品渲染图

2.1 背景图的导入

为了更准确、高效地创建模型，使用背景图作为建模的参照，可以大大提高建模的准确性和效率。Rhino 可以使用几种常用格式（jpg、png、tiff、bmp 等）的位图作为背景参考图，支持多视图背景图。本案例将同时使用 Top 和 Front 两个视图的背景图。

图2-2　选择模板

2.1.1　导入顶视图

每次新建场景时，Rhino 都会弹出一个模板选择对话框，通常选择"毫米"作为单位。本案例选择"小模型 - 毫米"模板，如图 2-2 所示。

在命令行执行 Picture（添加图像平面）命令，在弹出的"打开位图"对话框中，使用资源包中的 top 图像文件。激活 Top 视图，选择"格点锁定"选项。通过定义对角线，手动创建一个背景图平面。

背景板的宽度设置为 125mm。移动背景板，使其横向中轴线与 X 轴对齐，如图 2-3 所示。

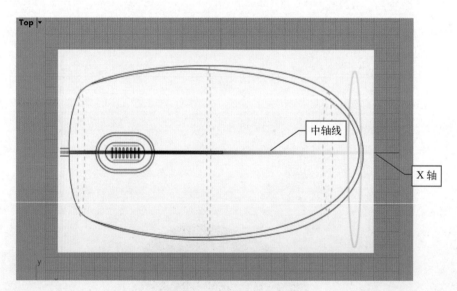

图2-3　导入顶视图背景板

使用同样的方法，在前视图中创建背景图平面，使用资源包中的 front 图像文件。将该背景板的宽度也设置为 125mm，位置与 Top 视图中的背景板对齐，如图 2-4 所示。

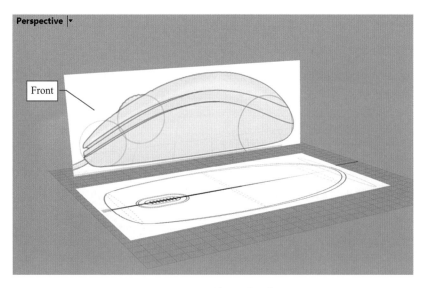

图2-4 导入前视图背景板

2.1.2 背景图的设置

由于后面的操作需要经常在背景板上绘制和编辑曲线与曲面，背景板有可能被选中和误操作。因此，背景板导入 Rhino 之后，还有一个重要的设置。

在"图层"面板中，单击上方的"新建"按钮，创建一个新图层，并将其命名为 back。在场景中将两个背景板模型同时选中，在 back 层上单击鼠标右键，在弹出的快捷菜单中执行"改变物件图层"命令，将背景板移动到该图层，如图 2-5 所示。

此后，可以通过 back 层右侧的"显示"和"锁定"按钮控制该图层的状态。当前选中"锁定"按钮，将两个背景板锁定。这样，背景板就不会被选中，防止误操作，如图 2-6 所示。

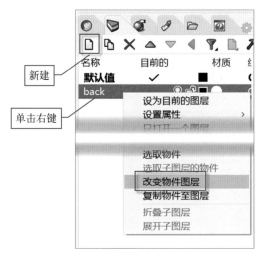

图2-5 设置背景板层

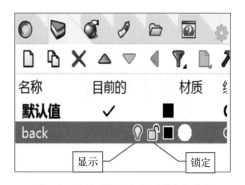

图2-6 层的"显示"和"锁定"按钮

2.2 曲线的创建

上一节完成了背景板的导入和设置，本节将绘制生成鼠标曲面所需的曲线，并对曲线进行相关的设置，为生成曲面做好准备。

2.2.1 外轮廓曲线的创建

在命令行中执行 Curve（控制点曲线）命令，在 Top 视图中，沿着鼠标的最外侧轮廓的一半（以 X 轴为分界）绘制一条控制点曲线，如图 2-7 所示。

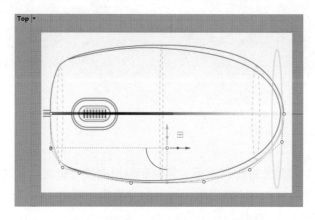

图2-7 绘制外轮廓曲线

> **注意**
>
> 绘制控制点曲线时，在满足需要的前提下，使用的控制点数量越少越好。笔者绘制的外轮廓曲线一共只有9个控制点。

目前，外轮廓曲线只是一条在平面上分布的曲线，还需要在前视图中进一步编辑其形状。激活前视图，参考背景板上的图像，沿 Y 轴移动外轮廓曲线上的控制点，使之与背景图中接缝处的线条重合，如图 2-8 所示。

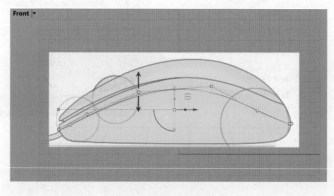

图2-8 编辑外轮廓曲线

这一步的编辑操作，控制点只能沿Y轴做纵向移动，不能做X轴的横向移动，不然会影响Top视图中曲线的形态。

目前，外轮廓曲线被编辑成了一条三维空间曲线，如图 2-9 所示。

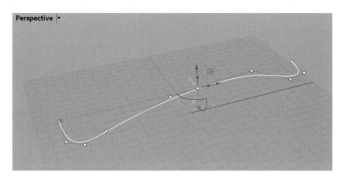

图2-9　外轮廓曲线的空间形态

执行 Mirror（镜像）命令，以 X 轴为对称轴，将外轮廓曲线复制并镜像，形成一条完整的封闭曲线，如图 2-10 所示。

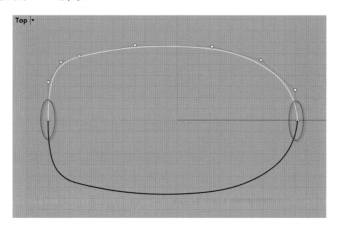

图2-10　镜像外轮廓曲线

2.2.2　外轮廓曲线的优化

上一小节完成了外轮廓曲线的创建，本小节将对其进行优化。

由于轮廓曲线是以手动方式绘制的，因此并不能保证其对接处的曲率是连续的，例如图 2-10 中红圈位置。

这两个位置的曲线需要做曲率匹配。执行 Match（衔接曲线）命令，在轮廓曲线右侧的两个端点附近单击，弹出"衔接曲线"对话框，将"连续性"设置为"曲率"，勾选"互相衔接"复选框。

软件将对两侧的曲线进行曲率的匹配，原曲线显示为亮黄色，匹配好的曲线显示为黑色。"互相衔接"复选框可以确保两侧的曲线对称匹配，如图 2-11 所示。

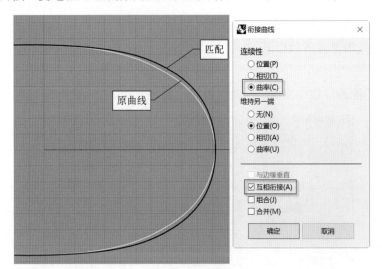

图2-11　衔接曲线

以此类推，对外轮廓曲线的左侧衔接处也做相同的匹配处理，如图 2-12 所示。

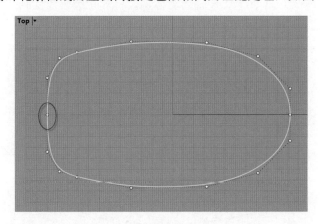

图2-12　左侧衔接处的曲率匹配

2.2.3　顶盖曲线的创建

参照 Top 视图和 Front 视图中的线条，采用控制点曲线工具绘制顶盖边缘轮廓曲线的下半部分。图 2-13 中红色箭头所示为控制点位置。

参考 Front 视图中的线条，采用控制点曲线工具绘制顶盖背部轮廓曲线。图 2-14 中的箭头为控制点位置。

> **操作提示**
>
> 顶盖背部曲线的两端要与顶盖侧面轮廓曲线的两端吸附对齐，绘制两个端点时，应打开"端点"吸附功能，在图2-15中红圈所示的位置。

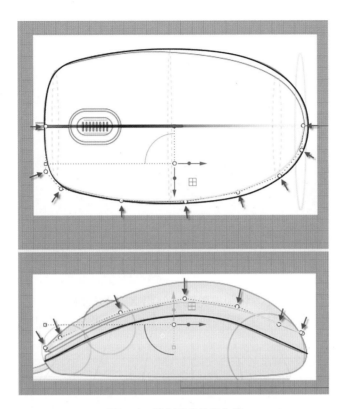

图2-13　绘制顶盖轮廓曲线

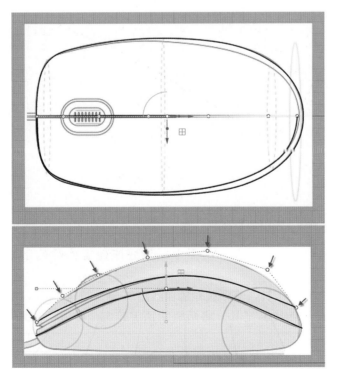

图2-14　绘制顶盖背部轮廓曲线

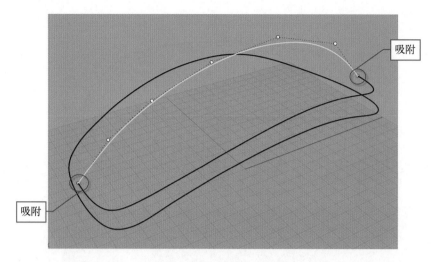

图2-15　吸附两个端点

采用 Mirror（镜像）工具，将顶盖轮廓曲线沿 X 轴做镜像。

采用 Match（衔接曲线）工具，将两侧的顶盖轮廓曲线做曲率匹配，结果如图 2-16 所示。

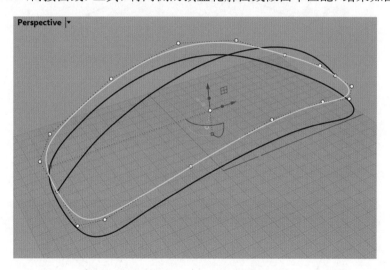

图2-16　顶盖轮廓曲线的镜像和匹配

2.2.4　底座轮廓曲线的创建

采用控制点曲线工具，在 Top 视图中绘制底座轮廓曲线的下半部分，如图 2-17 所示。

采用 Mirror（镜像）工具，将顶盖轮廓曲线沿 X 轴做镜像。

采用 Match（衔接曲线）工具，将两侧的顶盖轮廓曲线做曲率匹配，结果如图 2-18 所示。

在 Front 视图中，将底座轮廓曲线沿 Y 轴移动到背景图中鼠标底部的位置，如图 2-19 所示。

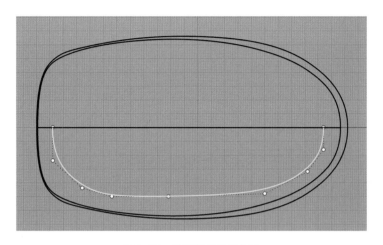

图2-17　绘制底座轮廓曲线

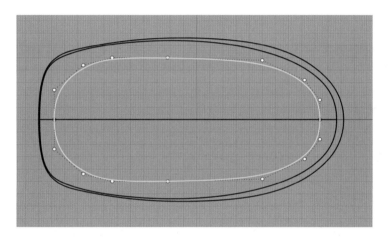

图2-18　底座曲线的镜像和匹配

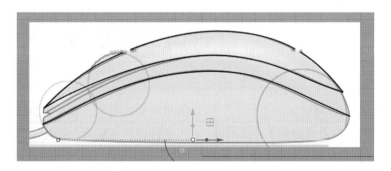

图2-19　移动底座曲线的位置

2.2.5　端面轮廓曲线的创建

本小节将创建壳体两个端面的轮廓曲线，为生成侧面壳体做好准备工作。

执行 Polyline（多重直线）命令，捕捉底座轮廓曲线两端的两个四分点，创建一条纵贯的直线，如图 2-20 所示。

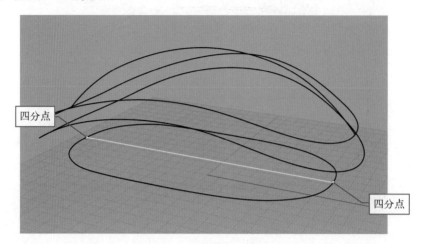

图2-20　创建底面纵贯线

执行 ArcBlend（弧形混接）命令，选择顶盖背部轮廓曲线和底座纵贯线接近尾部的端点，会生成一条弧线将两者光滑连接起来，这条曲线就是尾部断面轮廓曲线，如图 2-21 所示。

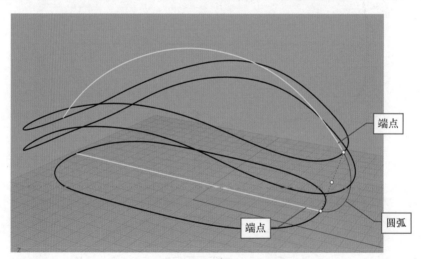

图2-21　生成混接圆弧

现在，可以单击混接圆弧的混接点，手动调节圆弧的形态，使之与侧面轮廓曲线的右端尽量接近。在"调整曲线混接"对话框中，将"连续性"设置为"曲率"，如图 2-22 所示。

执行 BlendCrv（可调式混接曲线）命令，单击顶盖背部轮廓和底座纵贯线靠近鼠标头部的端点，生成一条曲线将二者混接起来，如图 2-23 所示。

编辑混接曲线两端的控制点，使之与侧面轮廓曲线尽量接近。在"调整曲线混接"对话框中，将"连续性"设置为"曲率"，这条曲线就是头部断面曲线，如图 2-24 所示。

打开"最近点"捕捉，将侧面轮廓曲线尾部的两个端点吸附到混接圆弧上，如图 2-25 所示。

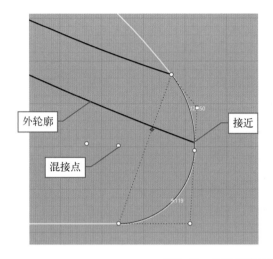

图2-22　编辑混接圆弧

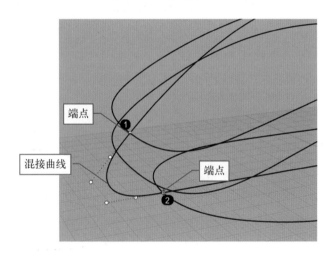

图2-23　生成混接曲线

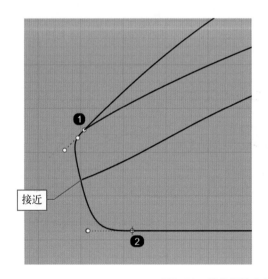

图2-24　编辑混接曲线

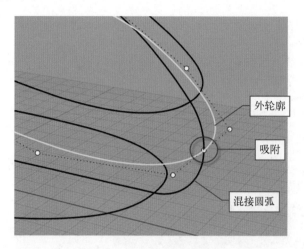

图2-25　吸附端点到混接圆弧

以此类推，将侧面轮廓曲线头部的两个端点吸附到混接曲线上，如图 2-26 所示。

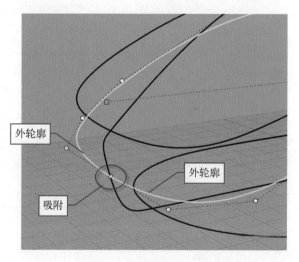

图2-26　吸附端点到混接曲线

使用修剪工具，将两条侧面轮廓曲线在外轮廓以上的部分修剪掉，如图2-27 中红圈部分所示。

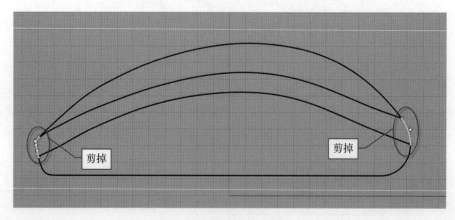

图2-27　修剪侧面轮廓曲线

使用控制点曲线工具，打开"最近点"捕捉，在外轮廓曲线和底面轮廓曲线之间绘制一条曲线，作为侧面轮廓曲线。在 Right 视图中，将该曲线编辑为稍向外侧凸起的弧形，如图 2-28 所示。

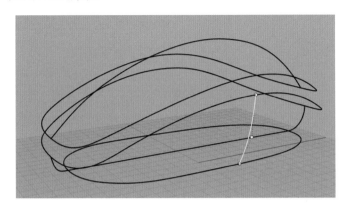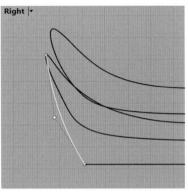

图2-28　绘制外轮廓和底部轮廓之间的连线

2.3　外表面曲面的生成

上一节，已经绘制完成了鼠标主要轮廓上的曲线，本节将利用这些曲线生成鼠标主体部分的曲面。

2.3.1　侧面曲面的创建

执行 Sweep2（双轨扫掠）命令，依次选择外轮廓曲线 1、底部轮廓曲线 2、前端断面曲线 3、侧面轮廓曲线 4 和尾部轮廓曲线 5，如图 2-29 所示。

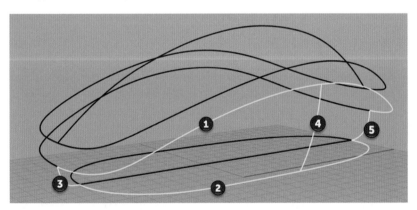

图2-29　双轨扫掠的选择顺序

将扫掠生成侧面曲面，在"双轨扫掠选项"对话框中，将"曲线选项"设置为"重建断面点数"，如图 2-30 所示。

采用 Mirror（镜像）命令，将侧面曲面镜像并复制到另一侧，结果如图 2-31 所示。

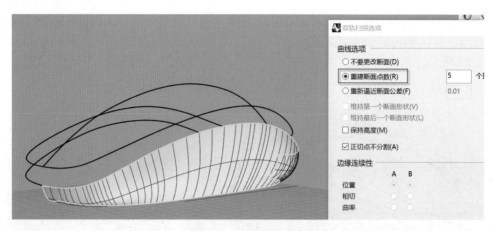

图2-30　生成侧面曲面

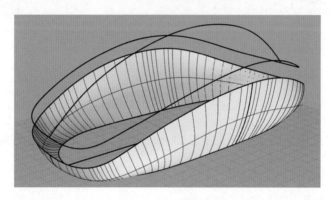

图2-31　镜像侧面曲面

2.3.2　顶盖曲面的创建

选中构成顶盖曲面的 3 条曲线，执行 Isolate（隔离物体）命令，将其他对象隐藏，场景中只剩下 3 条曲线，如图 2-32 所示。

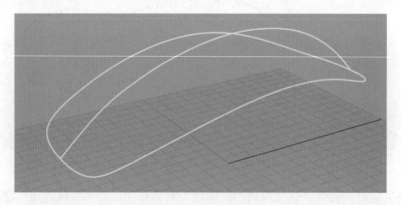

图2-32　显示顶盖曲线

执行 Csec（从断面轮廓建立曲线）命令，按如图 2-33 所示的顺序依次选择 3 条曲线，按回车键确认。

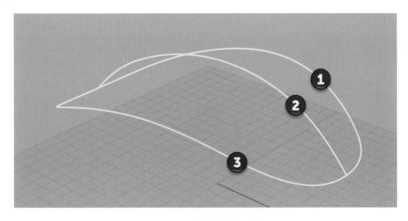

图2-33　曲线的选择顺序

在 Front 视图中，用鼠标画出几条均匀分布的断面直线，绘制完成后按回车键确认，如图 2-34 所示。

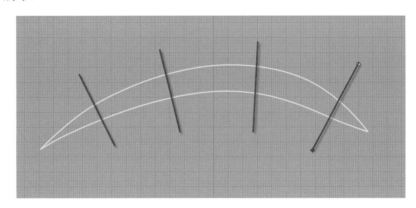

图2-34　绘制断面直线

生成几条连接 3 条曲线的轮廓曲线，如图 2-35 所示。

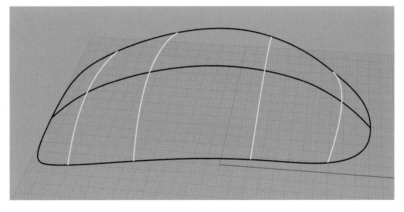

图2-35　生成轮廓曲线

将构成顶盖的所有曲线选中，执行 Patch（嵌面）命令，在弹出的"嵌面曲面选项"

对话框中，单击"预览"按钮，可以预览曲面生成的效果。最后，单击"确定"按钮完成顶盖曲面的创建，如图 2-36 所示。

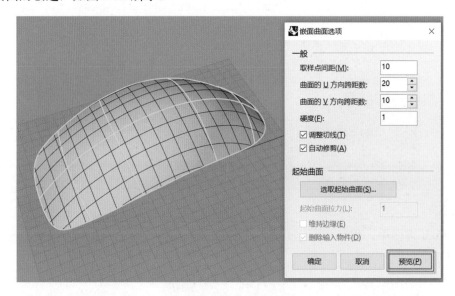

图2-36　创建顶盖曲面

2.3.3　创建过渡曲面

到上一小节，已经完成了侧面和顶盖曲面的创建，本节将创建两者之间的过渡曲面。

首先将顶盖和侧面曲面单独显示。执行 Show（显示物件）命令，将所有隐藏的对象都显示出来。

同时选中顶盖和两个侧面曲面，执行 Isolate（隔离物体）命令，场景中只显示顶盖和左右两个侧面曲面，如图 2-37 所示。

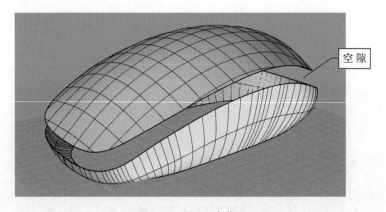

图2-37　显示3个曲面

顶盖和侧面曲面之间存在一个空隙，可以使用混接曲面工具将两侧的曲面光滑过渡连接。

执行 BlendSrf（混接曲面）命令。由于侧面曲面目前是两个独立的曲面，其边缘不连续，所以在命令行中选择"连锁边缘"选项，如图 2-38 所示。

```
指令: _BlendSrf
选取第一个边缘 ( 连锁边缘(C) 编辑(E) ):|
```

图2-38　选择"连锁边缘"选项

首先，选择两个侧面曲面的上边缘，再选择顶盖曲面的边缘，将弹出"调整曲面混接"对话框，将连接方式设置为"曲率"。

观察混接曲面预览结果，可以发现在中间部位有一些 S 形的结构线，说明这里的曲面并不平顺，如图 2-39 所示。

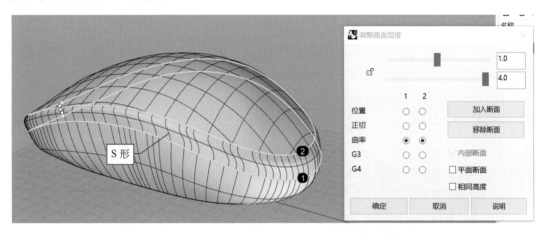

图2-39　混接曲面上的S形结构线

单击"调整曲面混接"对话框中的"加入断面"按钮，在有 S 形结构线的位置手动添加直线断面，如图 2-40 中红圈位置所示。

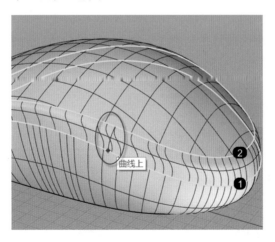

图2-40　手动添加断面线

在 4 个位置添加上述断面线，可参考图 2-41 中红圈位置。单击对话框中的"确定"按钮，完成混接曲面设置。

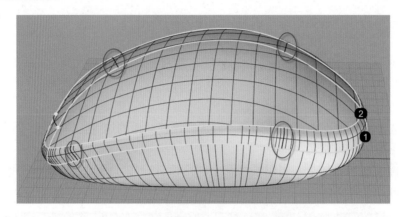

图2-41　添加断面线的参考位置

全选所有曲面，执行 EMap（环境贴图）命令，使用各种环境贴图校验一下曲面的平顺程度，可以在下拉列表中切换不同的贴图，如图 2-42 所示。

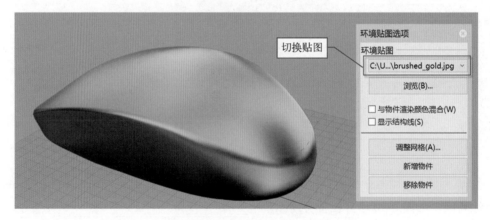

图2-42　环境贴图校验

执行 PlanarSrf（以平面曲线建立曲面）命令，选择两条底面轮廓曲线，生成鼠标的底部平面，如图 2-43 所示。

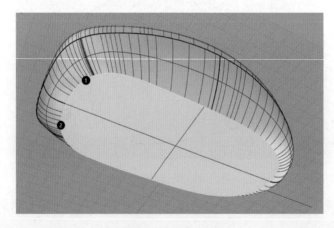

图2-43　生成底部平面

至此，鼠标的外表面建模全部完成。

2.4　盖板细节的创建

到上一节，鼠标的外表面建模已经全部完成。本节编辑鼠标表面上的一些细节——左右键之间的缝隙、滚轮盖板和侧面缝隙等。

2.4.1　创建曲线

本小节将创建用于分割盖板的相关曲线。

在"图层"面板中，点亮 back 层右侧的灯泡，显示背景图。执行 Rectangle（矩形）命令，启用"格点锁定"功能，在 Top 视图中，参考背景图绘制一个宽度为 65mm、高度为 1mm 的矩形，这个矩形用于切割顶盖，形成左右键之间的缝隙，如图 2-44 所示。

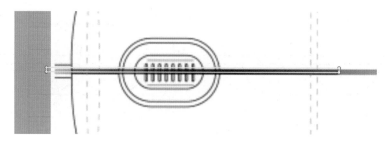

图2-44　绘制一个矩形

执行 Move（移动）命令，将上述矩形沿 Y 轴负方向移动 0.5mm，使 X 轴居于其高度的中间位置，如图 2-45 所示。

启用"格点锁定"功能，执行 Circle（圆）命令，在 Top 视图中，参考背景图绘制两个同心圆，如图 2-46 所示。

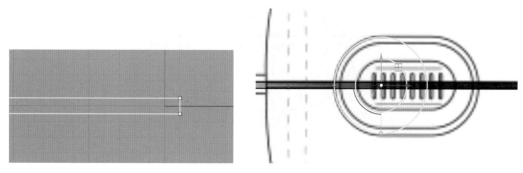

图2-45　移动矩形　　　　　　　　　　　图2-46　绘制同心圆

将上述同心圆复制一份，沿 X 轴移动到背景图右侧，如图 2-47 所示。

打开"四分点"捕捉，采用直线绘制工具，捕捉 4 个圆上的四分点，绘制 4 条直线，如图 2-48 所示。

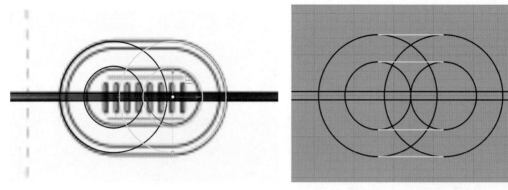

图2-47 复制并移动同心圆   图2-48 绘制四条直线

执行 Trim（修剪）命令，先选择图 2-49 中 1 号和 2 号直线，再单击 3 和 4 位置的圆，将内部的圆弧修剪掉，形成一个"跑道圆"。

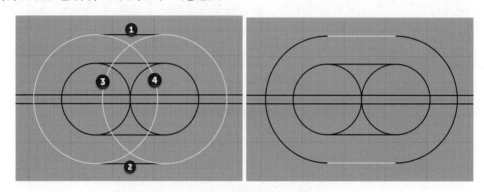

图2-49 修剪生成跑道圆

以此类推，将内部的两个小圆也修剪成跑道圆，如图 2-50 所示。

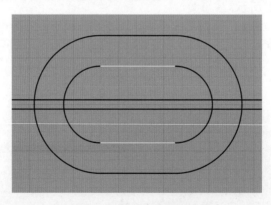

图2-50 修剪生成内部跑道圆

执行 Join（组合）命令，将两个跑道圆上所有线条组合成两个完整的跑道圆。

2.4.2 切割顶盖板

本小节将使用上一小节创建的线条切割顶盖曲面。

将顶盖模型显示出来，执行 Split（分割）命令。在 Top 视图中，首先选中顶盖曲面，按回车键后依次选中两个跑道圆，如图 2-51 所示。

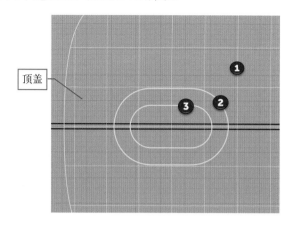

图2-51　切割顶盖曲面

上述操作的结果是，在顶盖上切出了跑道圆形的曲面，选择中间的曲面将其删除，留下的空洞即为鼠标滚轮的开口，如图 2-52 所示。

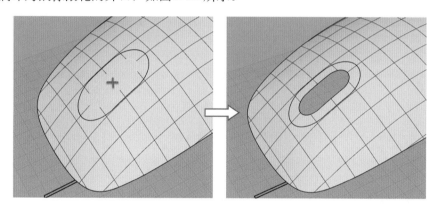

图2-52　形成滚轮开孔

使用图 2-44 所绘制的矩形切割顶面盖板，删除矩形中间的面，形成左右键之间的缝隙，如图 2-53 所示。

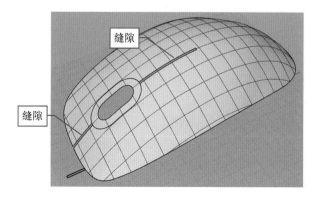

图2-53　形成按键缝隙

2.4.3 创建盖板厚度

上一小节对盖板进行了切割，本小节将创建盖板的厚度和边缘倒角等细节。

将切割盖板的线条和鼠标开孔外侧的环形曲面暂时隐藏，视图中只显示切割完成的顶盖板曲面，如图 2-54 所示。

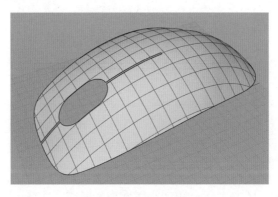

图2-54 显示盖板曲面

执行 Pause（直线挤出）命令，选中顶盖内部的所有曲线，用鼠标向下拖动挤出面，使其生成方向朝向盖板内部。键盘输入 2（挤出高度），按回车键确认，生成的挤出面如图 2-55 所示。

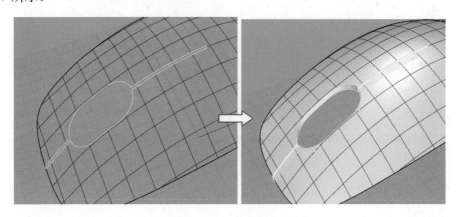

图2-55 向内生成挤出面

2.4.4 曲面倒角

本小节将生成盖板曲面和挤出面之间的倒圆角。

执行 FilletSrf（曲面圆角）命令，将倒角半径设置为 0.3mm，先后选中盖板曲面和弧形挤出面，两个面之间生成了过渡圆角，如图 2-56 所示。

执行 Trim（修剪）命令，用圆角曲面将挤出面多余的部分修剪掉，结果如图 2-57 所示。以此类推，将圆角曲面另一端的多余面也修剪掉，如图 2-58 所示。

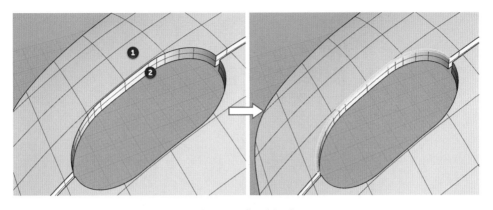

图2-56　曲面倒圆角

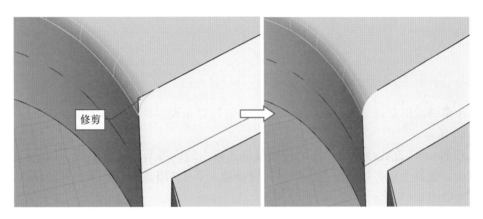

图2-57　修剪曲面

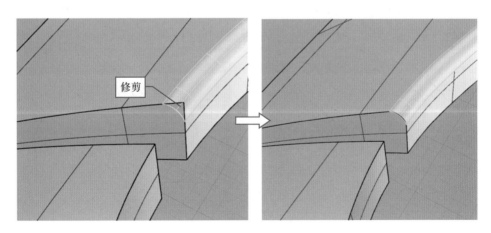

图2-58　修剪另一端的曲面

　　采用同样的方法，对另一侧的弧形挤出面也做相同的编辑，生成圆角并修剪多余面，结果如图 2-59 所示。

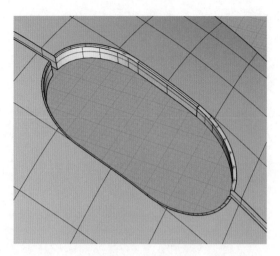

图2-59　另一侧的圆角

2.4.5　滚轮盖板的编辑

　　本小节将编辑鼠标盖板上的细节。首先，通过显示设置，将鼠标盖板曲面单独显示，如图 2-60 所示。

　　执行 Pause（直线挤出）命令，选中鼠标盖板上的内外两圈轮廓曲线，用鼠标向下拖动挤出面，使其生成方向朝向盖板下方。键盘输入 2（挤出高度），按回车键确认，生成的挤出面如图 2-61 所示。

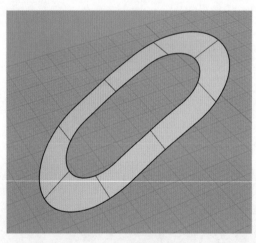

图2-60　鼠标盖板曲面

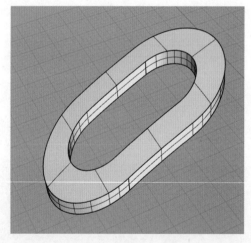

图2-61　挤出内外轮廓

　　执行 FilletSrf（曲面圆角）命令，将倒角半径设置为 0.3mm，在两个挤压面和盖板之间创建圆角过渡，如图 2-62 所示。

　　盖板细节编辑完成，效果如图 2-63 所示。

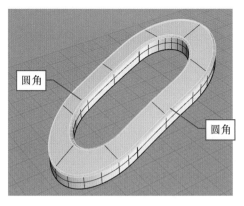

图2-62　创建两个圆角过渡

图2-63　盖板完成效果

2.4.6　盖板侧面缝隙的创建

本小节编辑鼠标盖板下方的楔形缝隙。将所有曲面隐藏，点亮 back 层的灯泡，显示背景图。参考 Front 视图和 Top 视图中背景图上的楔形缝隙，采用控制点曲线工具绘制两条曲线，如图 2-64 所示。

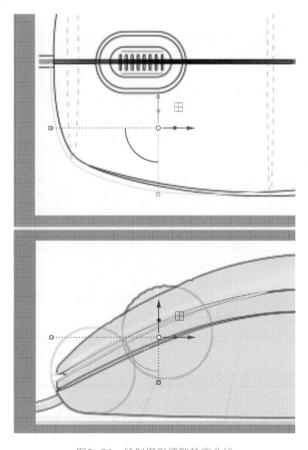

图2-64　绘制楔形缝隙轮廓曲线

将上述两条曲线沿X轴镜像复制，并将两组曲线分别对接组合在一起，如图2-65所示。

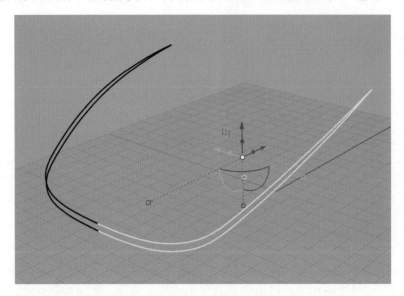

图2-65　镜像曲线

将顶盖曲面和侧面曲面之间的过渡曲面显示出来，如图2-66所示。

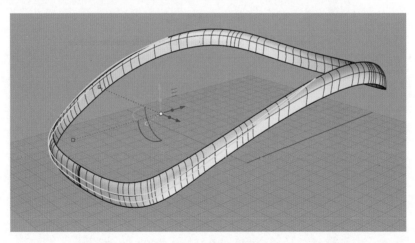

图2-66　显示过渡曲面

执行Pull（拉回曲线）命令，依次选择两条曲线，再选择过渡曲面，两条曲线被拉回投射到过渡曲面上，如图2-67所示。

用投射到过渡曲面上的两条曲线切割该曲面，将中间的楔形面删除，形成楔形缝隙，如图2-68所示。

用图2-44中所绘制的矩形切割楔形缝隙上方的面，在中间形成一个缺口，缺口两侧的曲面分别与左键和右键曲面相连接，如图2-69所示。

将所有曲面都显示出来，观察鼠标模型。目前还有两个问题，一是楔形缝隙内部是空的，其边缘没有厚度；二是顶部盖板和过渡曲面之间有一个三角形缺口，如图2-70所示。

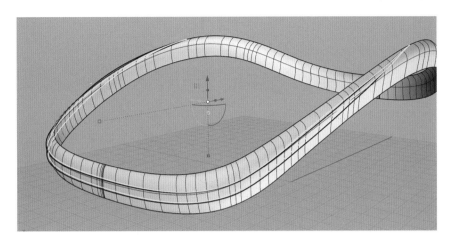

图2-67　拉回曲线到过渡曲面

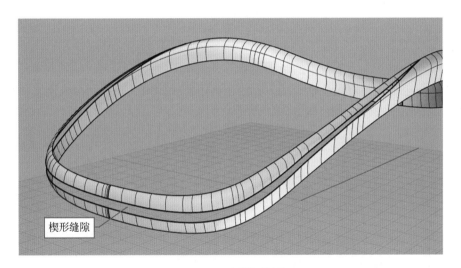

图2-68　形成楔形缝隙

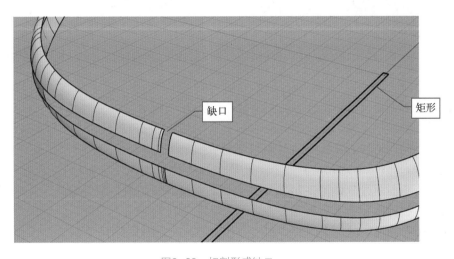

图2-69　切割形成缺口

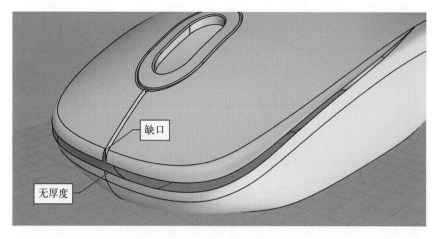

图2-70　模型上的问题

2.4.7　缺口和缝隙的修补

本小节将处理上一小节留下的两个问题。

对于三角形缺口，可以先绘制两条直线，再用 PlanarSrf（以平面曲线建立曲面）工具建立平面，将两个缺口封闭，如图 2-71 所示。

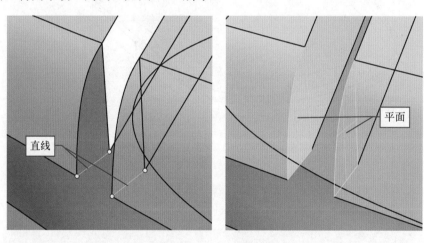

图2-71　封闭三角形缺口

设置物件显示，只显示过渡曲面模型，如图 2-72 所示。

采用直线绘制工具，在过渡曲面前端中点位置绘制一条折线，在楔形缝隙的根部端点处绘制一条向内延伸的直线，如图 2-73 所示。

执行 Sweep1（单轨扫掠）命令，按顺序选择楔形缝隙的边缘 1 作为路径、折线 2 和直线 3 作为断面曲线，如图 2-74 所示。生成的扫掠曲面如图 2-75 所示。

将上述扫掠曲面沿 X 轴镜像复制，结果如图 2-76 所示。

显示所有曲面，鼠标上的缺口和缝隙都被填补，如图 2-77 所示。

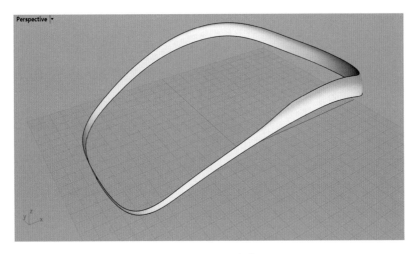

图2-72　显示过渡曲面

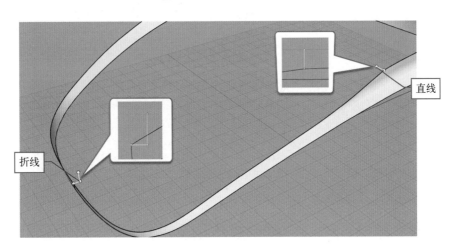

图2-73　绘制两条线

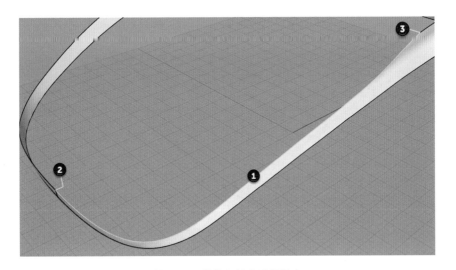

图2-74　单轨扫掠的选择顺序

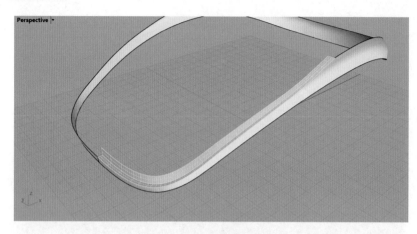

图2-75 生成扫掠曲面

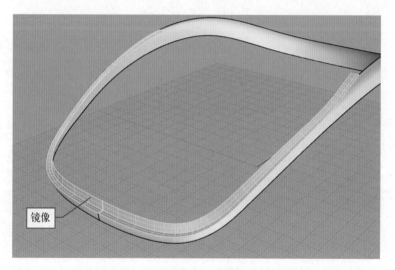

镜像

图2-76 镜像扫掠曲面

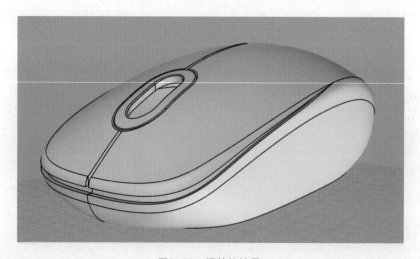

图2-77 填补的结果

2.5　滚轮的创建

本节将创建滚轮模型。滚轮是一个独立的物件，需要单独进行创建。采用的方法是单轨扫掠，需要创建外轮廓圆和半圆形截面。

2.5.1　创建截面曲线

在"图层"面板中，点亮 back 层右侧的灯泡，显示背景图。在 Front 和 Top 视图中，参考背景图绘制两个圆，分别是滚轮的外轮廓圆和截面圆，如图 2-78 所示。

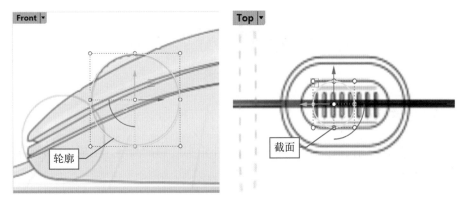

图2-78　绘制滚轮轮廓和截面

打开"四分点"捕捉，使用移动工具移动截面圆，捕捉其外侧的四分点，将截面圆整体移动到轮廓圆的四分点上，如图 2-79 所示。

采用直线绘制工具，捕捉截面圆两侧的四分点，绘制一条与外轮廓圆垂直的直线，如图 2-80 所示。

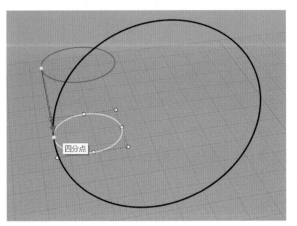

图2-79　移动截面圆

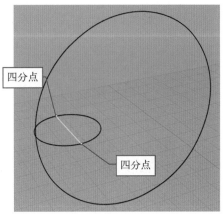

图2-80　绘制直线

执行 Split（分割）命令，用上述直线将截面圆切割成两个半圆，将直线和内侧的半圆删除，如图 2-81 所示。

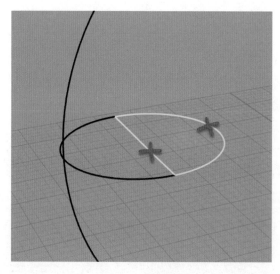

图2-81 切割截面圆

2.5.2 创建曲面

执行 Sweep1（单轨扫掠）命令，先后选择外轮廓圆和截面圆，生成滚轮外轮廓曲面，如图 2-82 所示。

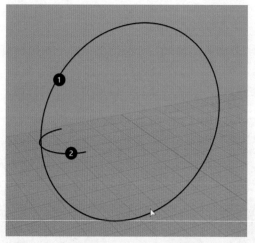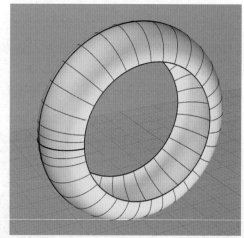

图2-82 生成滚轮外轮廓曲面

执行 PlanarSrf（以平面曲线建立曲面）命令，选择外轮廓曲面内部的两个圆形，在两个圆形中创建圆形平面，如图 2-83 所示。

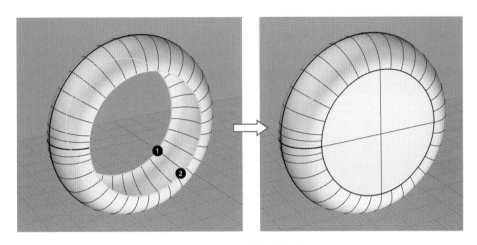

图2-83　生成端面圆形平面

2.5.3　创建沟槽

为了增加摩擦力，滚轮的轮廓上还有呈现齿轮形状的沟槽结构。构建方法是采用圆柱体做环形阵列后，与外轮廓曲面做布尔运算。

执行 Cylinder（圆柱体）命令，在前视图中创建一个直径为 1.8mm、高度为 10mm 的圆柱体，将圆柱体放置到如图 2-84 所示的位置。

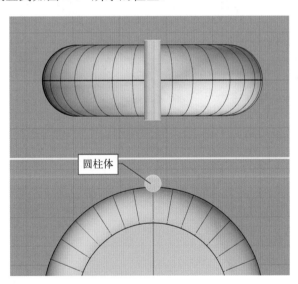

图2-84　创建并放置圆柱体

选中圆柱体模型，执行 ArrayPolar（环形阵列）命令，打开"中心点"捕捉，捕捉端面中心点作为阵列中心，输入阵列数量 36，环形阵列结果如图 2-85 所示。

执行 BooleanDifference（布尔运算差集）命令，先选择滚轮外轮廓曲面，再选择所有阵列的圆柱体。差集运算的结果如图 2-86 所示。外轮廓表面形成齿轮状分布的沟槽。

显示全部曲面，调整滚轮的位置，鼠标成品如图 2-87 所示。至此，鼠标建模全部完成。

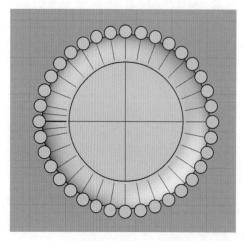

图2-85　环形阵列结果

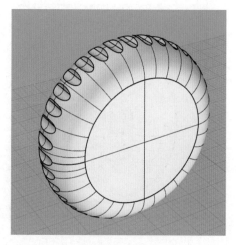

图2-86　差集运算的结果

图2-87　全部完成的鼠标

扫码下载本章素材文件

第3章

电熨斗

本章详细讲解一个电熨斗的建模过程，涉及的技术环节包括背景图的设置、曲线的绘制、曲线的编辑、曲面的生成和切割等。电熨斗的成品渲染图如图3-1所示。

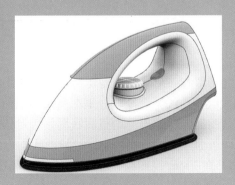

图3-1　电熨斗成品渲染图

3.1　主体外壳的创建

首先创建电熨斗主体部分的壳体，主要流程包括绘制曲线、生成曲面、曲面的编辑创建等。

3.1.1　绘制轮廓曲线

在 Top 视图中，采用控制点曲线工具绘制一条曲线，该曲线是壳体底部的轮廓曲线，如图 3-2 所示。

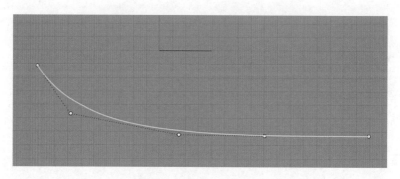

图3-2　创建壳体轮廓曲线

将上述曲线沿 X 轴做镜像复制，生成壳体底部轮廓曲线的另一半，如图 3-3 所示。

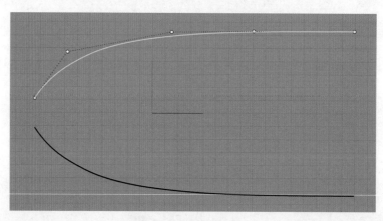

图3-3　镜像复制轮廓曲线

现在，两条轮廓曲线之间留有一个缺口，需要用一条光滑曲线将二者过渡连接起来。

执行 BlendCrv（可调式混接曲线）命令，分别在两条轮廓曲线的端点附近单击，在两条轮廓曲线之间将生成混接曲线，并弹出"调整曲线混接"对话框，将"连续性"设置为"曲率"。还可根据需要调节曲线上的手柄，编辑过渡曲线的形态，如图 3-4 所示。

采用控制点曲线工具，在 Front 视图绘制一条曲线，作为壳体的侧面轮廓曲线，如图 3-5 所示。

打开"四分点"捕捉，移动上述轮廓曲线的左侧端点，确保与混接曲线的四分点精准对齐，如图 3-6 所示。

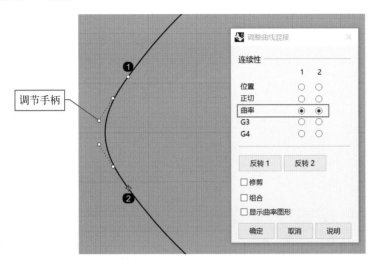

图3-4　创建混接曲线

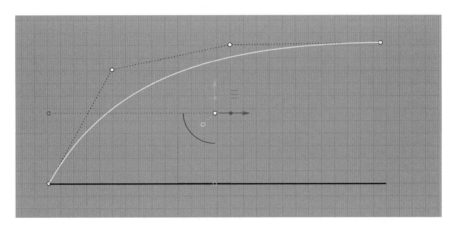

图3-5　创建侧面轮廓曲线

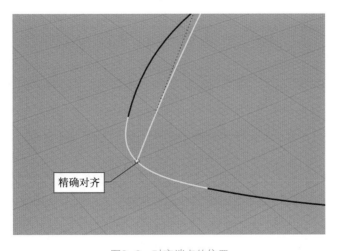

图3-6　对齐端点的位置

执行 Split（分割）命令，用侧面轮廓曲线切割混接曲线，将其一分为二。把分割开的混接曲线分别与两侧的轮廓曲线组合在一起，场景中形成 3 条曲线，如图 3-7 所示。

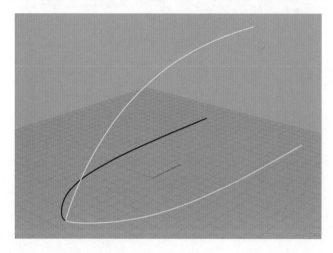

图3-7　3条曲线

3.1.2　创建断面轮廓曲线

本小节将创建壳体的断面轮廓曲线，为生成壳体曲面做好准备。

执行 CSec（从断面轮廓线建立曲线）命令，依次选择底部轮廓线 ①、侧面轮廓线 ② 和另一侧底部轮廓 ③，如图 3-8 所示。

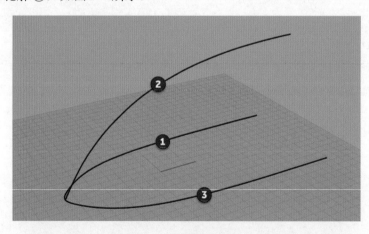

图3-8　曲线的选择顺序

按回车键确认后，在 Front 视图绘制 3 条断面线，如图 3-9 所示。透视图中的断面线如图 3-10 所示。

目前，断面曲线上有 5 个控制点，其中最高的控制点并不在曲线上。现在如果直接编辑控制点，会造成断面曲线与侧面轮廓曲线之间脱离，如图 3-11 所示。

如需编辑断面曲线的形状，可以用侧面轮廓曲线将其断开。曲线断开后，断点位于最高点处。此时编辑曲线，最高点就不会与侧面轮廓曲线脱离，如图 3-12 所示。

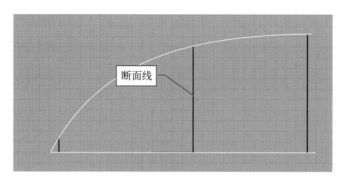

图3-9 设置断面线

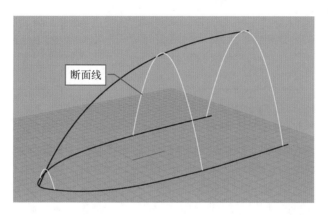

图3-10 透视图中的断面线

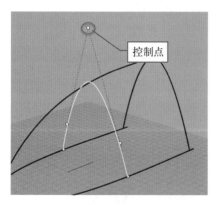

图3-11 断面曲线上的控制点

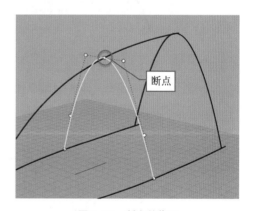

图3-12 断点的位置

3.1.3 创建壳体曲面

本小节将创建壳体曲面，并对其做优化处理。

全选所有曲线，执行 NetworkSrf（从网线建立曲面）命令，将弹出"以网线建立曲面"对话框，如图 3-13 所示。单击"确定"按钮完成壳体曲面的创建。

壳体曲面已经创建，但是还需要做优化处理。

目前，曲面上的结构线过于密集，需酌情清理。执行 Rebuild（重建曲面）命令，在弹出的"重建曲面"对话框中，将"点数"设置为 U=28、V=20，如图 3-14 所示。

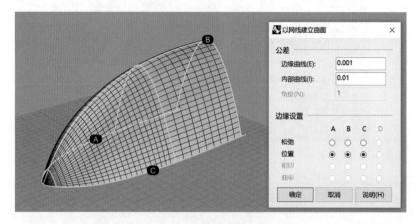

图3-13 从网线建立曲面

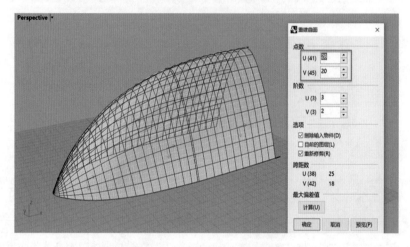

图3-14 重建曲面的参数设置

执行 RemoveKnot（移除节点）命令，手动删除若干排节点，进一步优化结构线。结果可参考图 3-15。

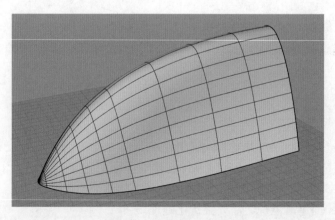

图3-15 移除节点的结果

3.2　把手的创建

把手是在壳体曲面上的一个开孔，主要制作流程包括轮廓线绘制、编辑、切割曲面、创建断面线、网线成面、生成过渡曲面等。

3.2.1　创建把手内部曲面

采用控制点曲线工具，在 Front 视图绘制把手开孔内轮廓曲线，如图 3-16 所示。

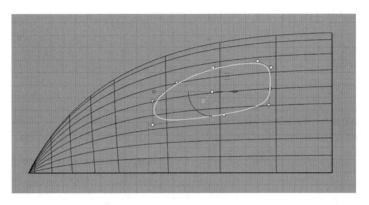

图3-16　把手内轮廓曲线

将上述曲线复制一个，等比例（按住 Shift 键并拖动操作轴的手柄）适当放大，形成把手开孔的外轮廓曲线，如图 3-17 所示。

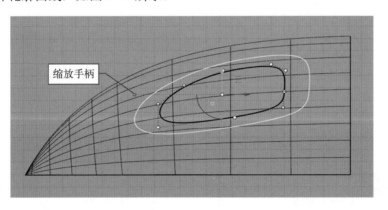

图3-17　复制并放大轮廓线

采用外轮廓曲线修剪壳体曲面，得到把手的两侧开孔，如图 3-18 所示。

执行 DupEdge（复制边缘）命令，单击壳体上的开孔边缘，将其复制下来，如图 3-19 所示。

选中把手内轮廓曲线和复制出来的开孔边缘，将其他物件全部隐藏，视图中只显示这两条曲线，如图 3-20 所示。

选中开孔边缘曲线，可以看到其上的控制点很密集而且分布不均匀，如图 3-21 所示。

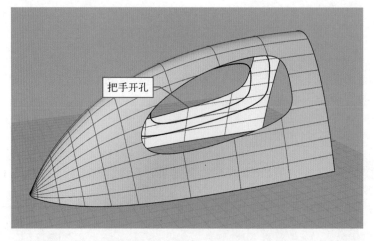

图3-18 修剪形成把手开孔

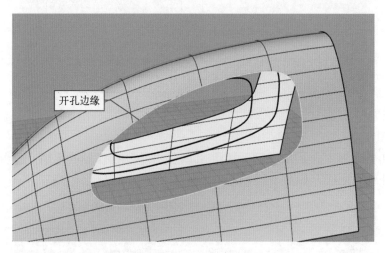

图3-19 复制开孔边缘

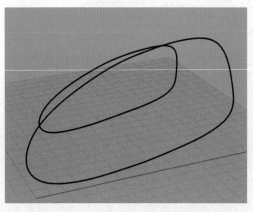

图3-20 显示两条轮廓曲线

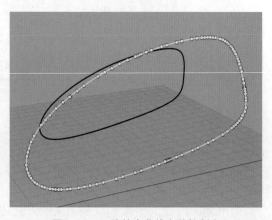

图3-21 开孔轮廓曲线上的控制点

　　执行 RebuildCrvNonUniform（非一致性的重建曲线）命令，在命令行中将"最大点数"设置为 40，"删除输入物件"设置为"是"。重建后的曲线如图 3-22 所示。

使用镜像工具，将重建的开孔轮廓沿 X 轴镜像复制一个到另一侧，如图 3-23 所示。

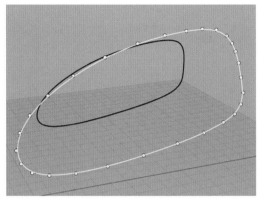

图3-22　重建曲线的结果

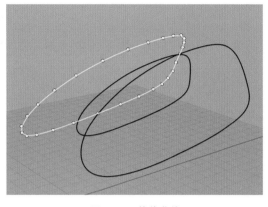

图3-23　镜像曲线

执行 CSec（从断面轮廓线建立曲线）命令，依次选择 3 条曲线，如图 3-24 所示。

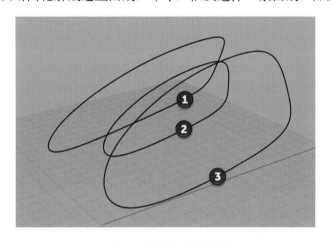

图3-24　依次选择曲线

在图 3-25 所示的位置创建 3 个断面。

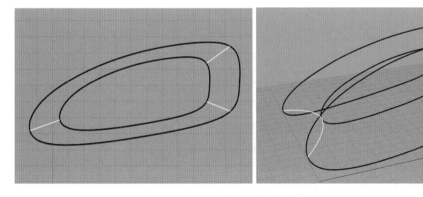

图3-25　创建3个断面

全选所有曲线，执行 NetworkSrf（以网线建立曲面）命令，在"以网线建立曲面"对话框中单击"确定"按钮，完成曲面创建。该曲面即为把手内部曲面，如图 3-26 所示。

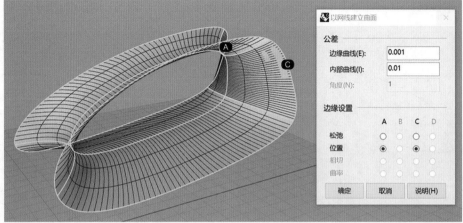

图3-26 创建把手内部曲面

目前，把手内部曲面上的结构线过多，可以酌情删除一部分。

执行 RemoveKnot（移除节点）命令，在命令行将方向设置为 V 向，按照每 3 条结构线删除两条的规律，将多余的结构线删除。效果可参考图 3-27。

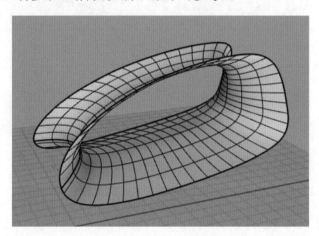

图3-27 精简结构线的效果

3.2.2 创建圆管

本小节将创建把手内部曲面和壳体曲面之间的过渡曲面。

首先创建一根半径带有变化的管道，再用这根管道切割壳体和把手曲面，最后再用混接曲面工具生成过渡曲面。

在"圆"面板中单击"圆：环绕曲线"按钮，如图 3-28 所示。围绕壳体上的把手轮廓曲线绘制 3 个圆形，半径和位置可参考图 3-29。

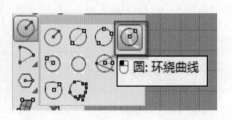

图3-28 "圆：环绕曲线"按钮

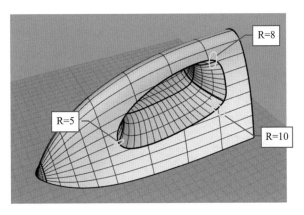

图3-29 绘制3个圆形

执行 Sweep1（单轨扫掠）命令，以壳体上把手轮廓曲线为轨道，以上一步绘制的 3 个圆为断面，在弹出的"单轨扫掠选项"对话框中，勾选"封闭扫掠"复选框，生成的扫掠曲面如图 3-30 所示。

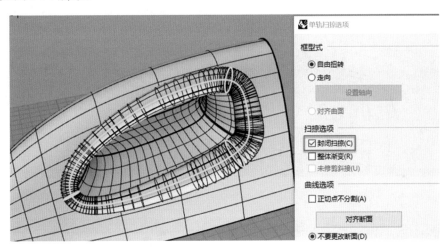

图3-30 生成扫掠曲面

3.2.3 创建过渡曲面

上一小节生成的扫掠曲面需要做优化处理。执行Rebuild（重建曲面）命令，在弹出的"重建曲面"对话框中，将 U 和 V 项的参数设置为 60 和 8，如图 3-31 所示。

执行 Split（分割）命令，用圆管切割把手内部曲面和壳体曲面，将圆管删除。可以看到，把手内部曲面和壳体都已被切开，如图 3-32 所示。

将上述被切开的曲面删除，在把手内部曲面和壳体之间留下一个宽度均匀的间隙，如图 3-33 所示。

执行 BlendSrf（混接曲面）命令，分别选择把手内部曲面和壳体上的边缘曲线，生成的预览混接曲面如图 3-34 所示，可以看到曲面上带有大量扭曲的结构线。

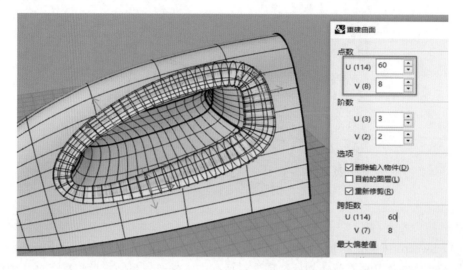

图3-31　重建曲面的设置

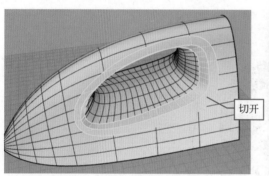

图3-32　圆管切割曲面的结果

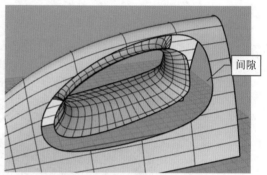

图3-33　两个曲面之间的间隙

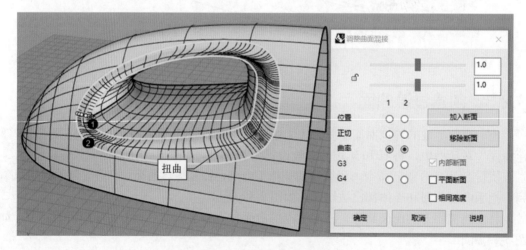

图3-34　混接曲面预览

单击"调整曲面混接"对话框中的"加入断面"按钮，在混接曲面上加入几个断面，优化结构线，可参考图3-35中红圈所示的位置。

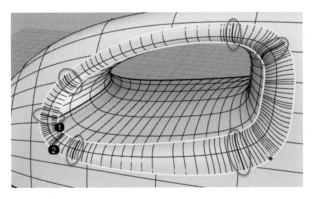

图3-35　断面的位置

设置完成，单击"确定"按钮完成过渡曲面的创建。

3.2.4　镜像曲面

执行 Plane（矩形平面）命令，在 Front 视图绘制一个矩形平面，其范围要大于壳体曲面，如图 3-36 所示。

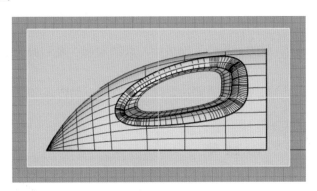

图3-36　创建矩形平面

上述平面从中间纵向贯穿壳体曲面和把手曲面。执行 Trim（修剪）命令，用矩形平面修剪 Y 轴正方向一侧的壳体曲面和把手曲面，结果如图 3-37 所示。

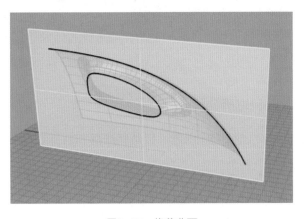

图3-37　修剪曲面

将剩下的曲面沿 X 轴镜像复制到另一侧，形成完整的壳体曲面，如图 3-38 所示。

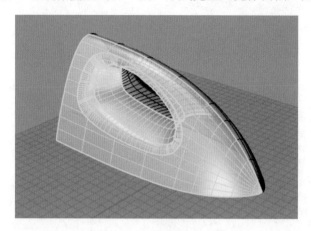

图3-38　镜像壳体曲面

3.2.5　优化曲面显示效果

目前曲面的显示效果是带有表面的结构线，显得不够美观，可以通过属性设置对其进行优化处理。

全选所有曲面，在右侧的"属性"面板中，取消勾选"显示曲面结构线"复选框，如图 3-39 所示。

视图中，曲面上的结构线都被隐藏，显得非常简洁，如图 3-40 所示。

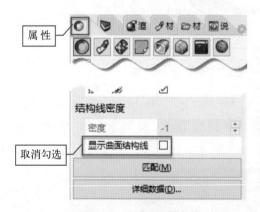

图3-39　取消显示结构线

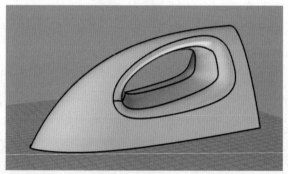

图3-40　曲面的显示效果

3.2.6　底部和背部曲面创建

目前，壳体的曲面部分已经完成创建，但是其底部和背部还没有封闭。本小节将创建两个平面将这两个部分封闭起来。

执行 Loft（放样）命令，选择壳体底部边缘的两条曲线，如图 3-41 所示。

在"放样选项"对话框中无须进行任何设置，单击"确定"按钮完成放样，结果如图 3-42 所示。生成的曲面即为底部平面。

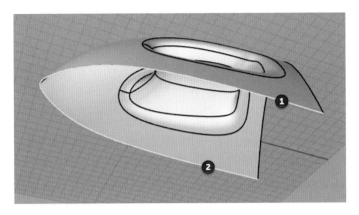

图3-41　选择放样曲线

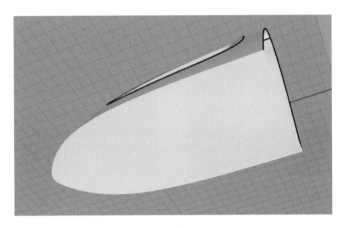

图3-42　放样生成底面

执行 PlanarSrf（以平面曲线建立曲面）命令，选择壳体背部和底面的边缘曲线，生成背部端面，如图 3-43 所示。

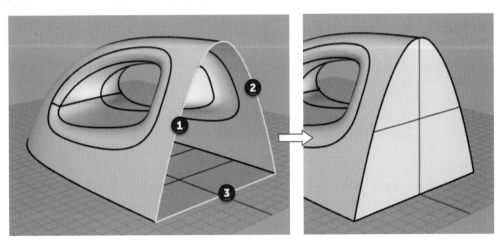

图3-43　创建壳体背面

至此，电熨斗壳体曲面创建完成。

3.3 壳体的细节制作

上一节完成了电熨斗壳体曲面的整体创建，本节将在壳体上添加更多的细节。

3.3.1 创建壳体转折面

为了美观，电熨斗壳体下方设计了一个转折曲面，和上方的曲面形成对比。由于转折面是对称的，所以可以先做好一侧的曲面，再镜像复制到另一侧。

首先，将 Y 轴正方向一侧的壳体曲面、把手内部曲面和过渡曲面删除。再参考 3.2.4 节的操作，创建一个剖切平面，将底部和背部曲面的一半修剪掉，如图 3-44 所示。

只留下 Y 轴负方向的一半壳体曲面，如图 3-45 所示。

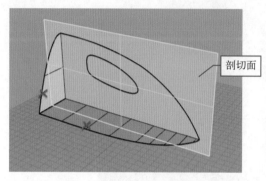
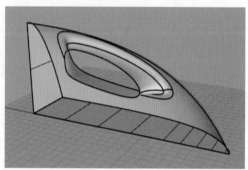

图3-44 修剪底部和背部曲面　　　　　　　　图3-45 保留一半曲面

采用控制点曲线工具，在 Front 视图绘制转折面分界线，分界线的位置和形状如图 3-46 所示。

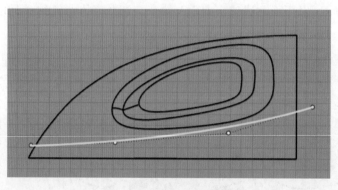

图3-46 绘制转折面分界线

在 Front 视图，执行 Split（分割）命令，采用上述分界线分割壳体曲面，将分界线以下的曲面删除，如图 3-47 所示。

显示壳体侧面轮廓曲线，用分界线曲线对其进行切割，结果如图 3-48 所示。

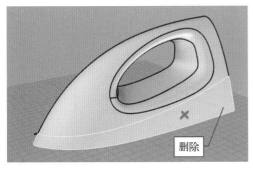
图3-47　切割并删除曲面

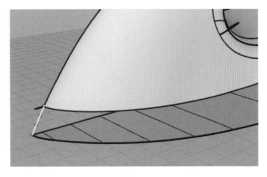
图3-48　切割轮廓线的结果

执行 InterpcrvOnSrf（曲面上的内插点曲线）命令，捕捉壳体和底面的两个端点，在背部曲面上绘制一条弧形曲线，如图 3-49 所示。

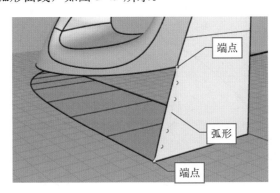
图3-49　绘制一条弧形曲线

用上述弧形曲线修剪背面曲面，将外侧的月牙形曲面删除，如图 3-50 所示。

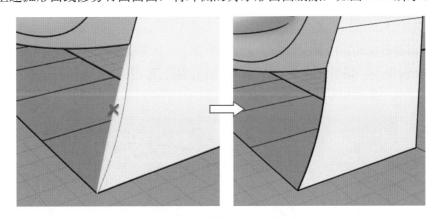
图3-50　删除月牙形曲面

执行 Sweep2（双轨扫掠）命令，按顺序选择壳体底部边缘、底面边缘和壳体两端的弧形作为路径和断面曲线，如图 3-51 所示。

在弹出的"双轨扫掠选项"对话框中，单击"确定"按钮，扫掠生成的转折面如图 3-52 所示。

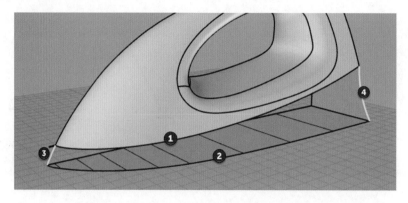

图3-51　双轨扫掠的选择顺序

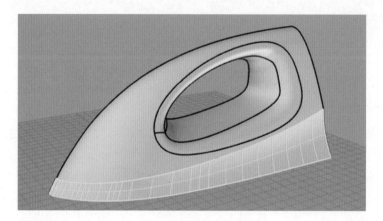

图3-52　生成转折面

3.3.2　壳体尾部的进一步刻画

本小节将对壳体曲面的尾部添加更多细节。

在 Front 视图中，采用直线工具绘制一条倾斜的直线，放置在壳体的尾部；采用控制点曲线工具绘制一条展翅形的曲线，放置在壳体的右下角，如图 3-53 所示。

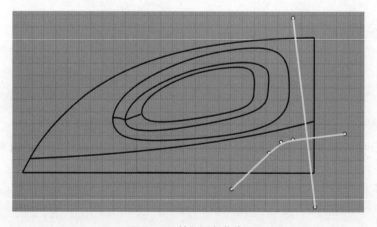

图3-53　绘制两条曲线

执行 ExtrudeCrv（直线挤出）命令，将上一步绘制的斜线沿 Y 轴负方向挤出，形成一个平面，挤出高度要大于壳体的宽度，如图 3-54 所示。

采用修剪工具修剪几个相交的曲面，得到一个新的尾部曲面，结果如图 3-55 所示。

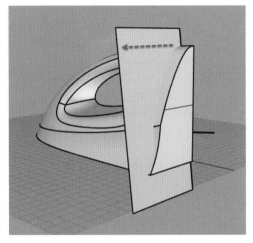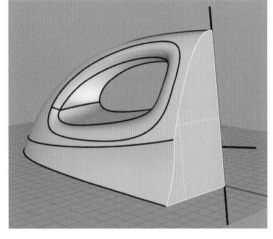

图3-54　直线挤出成面　　　　　　　　　　　图3-55　曲面修剪的结果

执行 ExtrudeCrv（直线挤出）命令，将展翅形曲线沿 Y 轴负方向挤压成面，挤出高度大于壳体宽度，如图 3-56 所示。

用上述曲面修剪与之相交的几个曲面，在壳体上挖去一个角，得到一个新的造型，如图 3-57 所示。

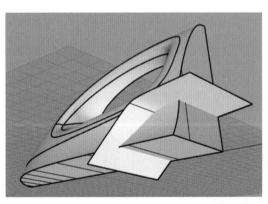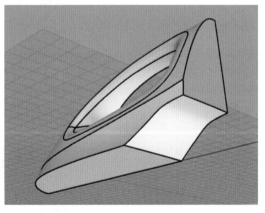

图3-56　挤压展翅形曲线　　　　　　　　　　图3-57　修剪形成新造型

执行 Join（组合）命令，全选所有的曲面，将这些曲面组合成一个整体。

执行 FilletEdge（边缘圆角）命令，将圆角半径设置为 6，选择壳体左下方的棱线，将其编辑为圆角，如图 3-58 所示。

将所有曲面沿 X 轴镜像复制，得到一个完整的电熨斗外壳模型，如图 3-59 所示。

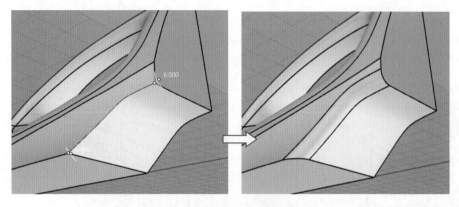

图3-58　对棱线倒圆角

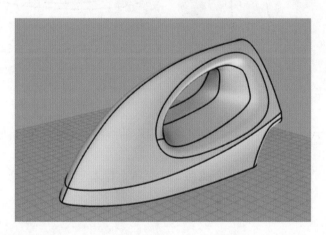

图3-59　镜像得到完整壳体

3.3.3　创建底板

执行 Explode（炸开）命令，将壳体模型炸开。复制底部的两个曲面，沿 Z 轴负方向向下移动一段距离，如图 3-60 所示。

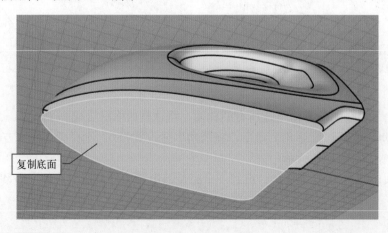

复制底面

图3-60　复制底面

将上述底部曲面再复制一份,并稍向下方移动,独立显示两个底部曲面,如图3-61所示。

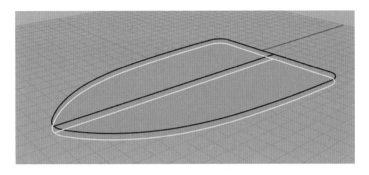

图3-61　复制并移动底面

上述两个曲面即为底板的上下端面,接下来需要把两个端面之间用混接曲面封闭起来形成实体。

执行 BlendSrf(混接曲面)命令,对两个端面进行曲面混接,在"调整曲面混接"对话框中将曲率设置为 1,混接方式都设置为"曲率",如图 3-62 所示。

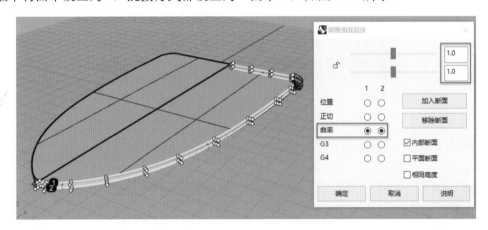

图3-62　混接曲面设置

以此类推,对另一侧的边缘也做混接曲面操作,将底板完全封闭形成三维实体,如图 3-63 所示。

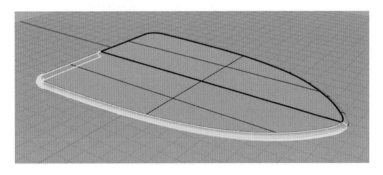

图3-63　封闭底板模型

3.4 旋钮的创建

本节创建电熨斗的调温旋钮，主要操作流程包括曲线绘制、旋转成形、提取结构线、环形阵列和布尔运算等。

3.4.1 生成回转曲面

调温旋钮是一个回转体，创建回转体首先需要绘制其断面曲线。采用控制点曲线工具，在 Front 视图中绘制一条曲线，如图 3-64 所示。

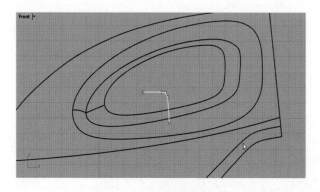

图3-64　绘制回转体截面

执行 Revolve（旋转成形）命令，选择上述曲线，以过左侧端点的垂线为旋转轴心，旋转角度为 360°，生成的回转体曲面即为旋钮，如图 3-65 所示。

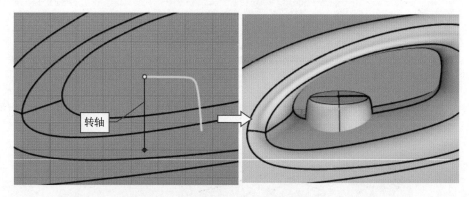

图3-65　生成旋钮

3.4.2 分割旋钮曲面

上一小节生成了旋钮壳体曲面，旋钮安装功能分为两个部分，上半部分可以转动，下半部分与壳体曲面融为一体。本小节将对旋钮曲面按功能做分割。

为了便于操作和观察，将旋钮曲面和把手内部曲面保留显示，其他曲面暂时隐藏，如图 3-66 所示。

执行 ExtractIsoCurve（抽离结构线）命令，从旋钮曲面上抽离两条水平方向的结构线，如图 3-67 所示。

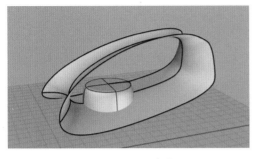

图3-66　显示两个曲面

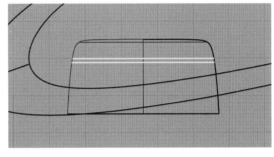

图3-67　抽离两条结构线

采用修剪工具，用上述两条结构线切割旋钮曲面，删除中间部分，形成一个空隙。上方为旋钮可转动部分的上盖曲面，如图 3-68 所示。

执行 PlanarSrf（以平面曲线建立曲面）命令，对旋钮曲面缝隙处的两个圆形开孔做封闭处理，结果如图 3-69 所示。

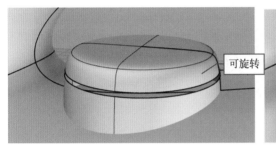

图3-68　修剪旋钮曲面

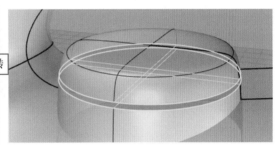

图3-69　封闭两个圆形开孔

3.4.3　生成过渡曲面

本小节将创建旋钮曲面下半部分和把手曲面之间的过渡圆角。

为了便于观察和操作，只显示旋钮曲面下半部分和把手内部曲面，如图 3-70 所示。

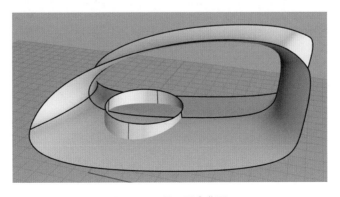

图3-70　显示两个曲面

使用修剪工具互相修剪，删除把手中间的圆形曲面和旋钮曲面嵌入到把手里的面，结果如图 3-71 所示。

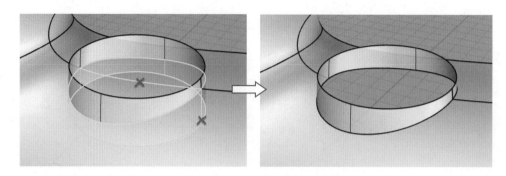

图3-71　修剪曲面的结果

执行 Join（组合）命令，将两个曲面结合为一体。

执行 FilletEdge（边缘圆角）命令，选择两个曲面之间的交界线，将圆角半径设置为 2，在两个曲面之间生成过渡圆角曲面，如图 3-72 所示。

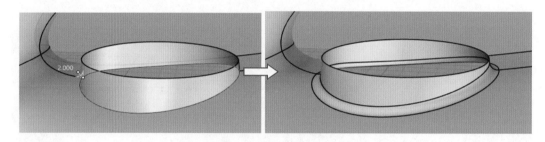

图3-72　生成过渡圆角曲面

3.4.4　创建防滑凸点

在旋钮的上盖部分，其边缘设计有一圈凸点，目的是防止手动旋转时滑动。凸点的外形是一种椭球体。为便于观察，视图中只保留旋钮曲面，其余曲面隐藏，如图 3-73 所示。

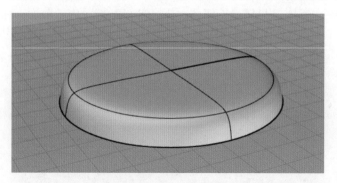

图3-73　旋钮上盖曲面

执行 Ellipsoid（椭球体）命令，创建一个高度为 4mm、直径为 2mm 的椭球体，如图 3-74 所示。

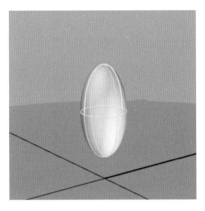 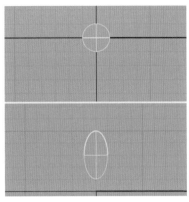

图3-74　创建椭球体

使用移动和旋转工具，编辑椭球体的角度和位置，将其放置到上盖曲面四分点位置，使球面稍高于上盖侧面，如图 3-75 所示。

 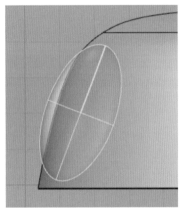

图3-75　椭球体的位置

选中上述椭球体，执行 ArrayPolar（环形阵列）命令，以上盖中心点为阵列中心，阵列数量为 24，呈 360° 分布，如图 3-76 所示。

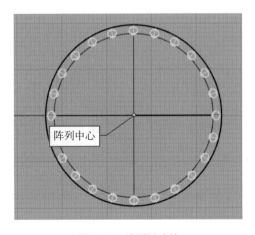

图3-76　阵列椭球体

将上盖底部的封盖曲面显示出来，如图 3-77 所示。

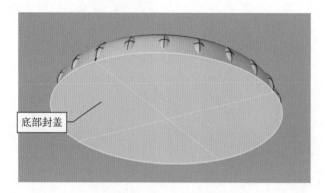

底部封盖

图3-77 显示底部封盖

同时选中上盖和底部封盖曲面，执行 Join（组合）命令，将上盖和底部封盖曲面结合起来，成为一个封闭实体。

选择全部 24 个椭球体和上盖实体，执行 BooleanUnion（布尔运算并集）命令，上盖实体和椭球体之间相互修剪合并，将这些曲面融为一体，结果如图 3-78 所示。

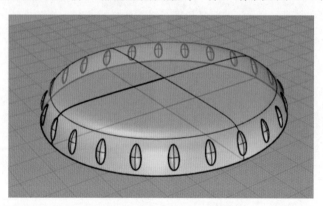

图3-78 布尔运算的结果

显示全部曲面，到目前为止的电熨斗模型如图 3-79 所示。

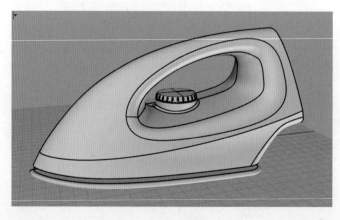

图3-79 当前的电熨斗模型

3.5　电源按钮的创建

在把手曲面上还设计有一个电源按钮，主要操作流程包括曲线投影、分割、缩放、混接曲面等。

3.5.1　投影曲线

激活 Front 视图，使用椭圆绘制工具，以 X 轴为长轴，绘制一个椭圆形，如图 3-80 所示。

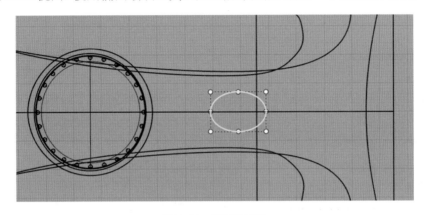

图3-80　绘制椭圆形

为了方便操作和观察，只保留椭圆和把手内部曲面，如图 3-81 所示。

执行 Project（投影曲线）命令，先后选择椭圆形和把手曲面。由于把手是一个环形的曲面，投影的结果是在把手上生成了两个投影，如图 3-82 所示。

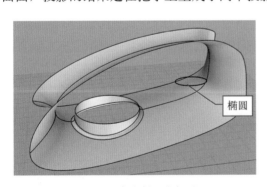

图3-81　保留椭圆和把手

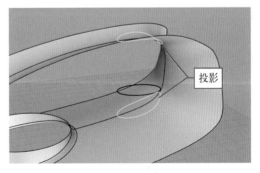

图3-82　投影曲线的结果

由于把手上方的投影曲线没有用处，因此可以删除，只保留下方的投影，如图 3-83 所示。

执行 Split（分割）命令，用投影曲线切割把手曲面，结果如图 3-84 所示。被切割下来的这个曲面即为电源按钮的上盖。

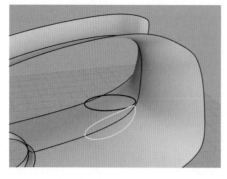

图3-83　保留下方投影曲线

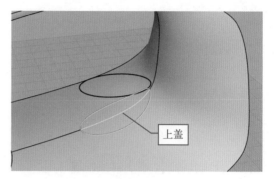

图3-84　分割把手曲面

3.5.2　编辑上盖曲面

采用操作轴上的比例放缩工具，将电源按钮上盖曲面等比例缩小，如图3-85所示。

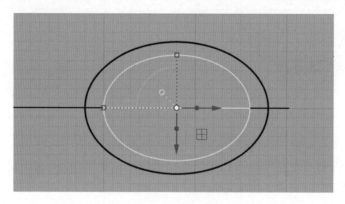

图3-85　缩小上盖曲面

执行 Polyline（多重直线）命令，捕捉把手开孔的两个端点，绘制一条直线，如图 3-86 所示。

打开"垂足"捕捉，绘制一条直线与上述直线垂直相交，如图3-87所示。

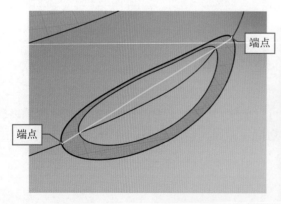

图3-86　绘制直线

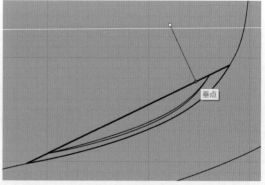

图3-87　绘制垂线

采用移动工具，将上述直线移动到上盖曲面的端点上，如图3-88所示。

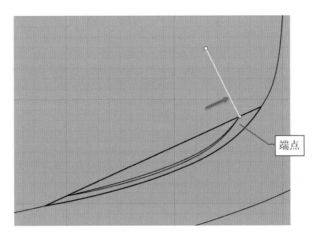

图3-88 移动垂线

使用移动工具，打开"最近点"捕捉，捕捉上盖曲面的端点，将上盖沿上述垂线向上移动一段距离，在上盖和把手之间形成一个间隙，如图 3-89 所示。

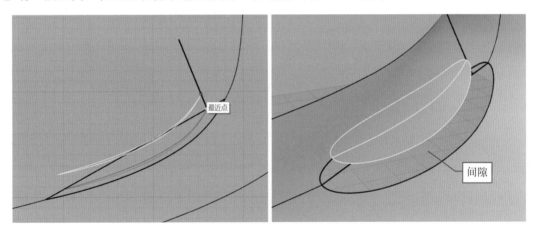

图3-89 沿垂线移动上盖

3.5.3 创建过渡曲面

本小节将创建上盖曲面和把手之间的过渡曲面。

执行 BlendSrf（混接曲面）命令，在命令行单击"连锁边缘"，然后按图 3-90 所示顺序选择上盖和把手的边缘。

在弹出的"调整曲面混接"对话框中，将轮廓 2 设置为"位置"，轮廓 1 设置为"曲率"。轮廓 1 的曲率设置为 0.26 左右，如图 3-91 所示。

生成的混接曲面和上盖共同构成了电源按钮，如图 3-92 所示。

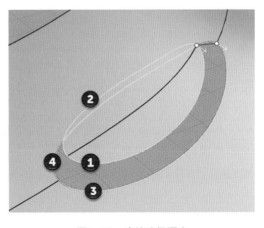

图3-90 边的选择顺序

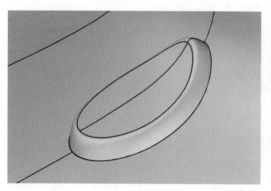

图3-91　混接曲面的设置

当前的电熨斗模型如图 3-93 所示。

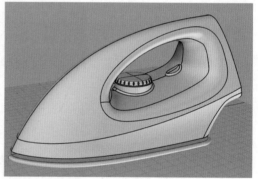

图3-92　电源按钮　　　　　　　　　　图3-93　当前的电熨斗模型

3.6　端面细节的编辑

本节编辑电熨斗上最后一个细节——端面，将生成其边缘的过渡圆角和一个凹槽。

3.6.1　创建过渡圆角

将端面和与其相连的所有曲面都选中，执行 Join（组合）命令，将这些曲面组合为一个实体，如图 3-94 所示。

执行 FilletEdge（边缘圆角）命令，圆角半径设置为 3，选择端面的所有边缘，生成的过渡圆角如图 3-95 所示。

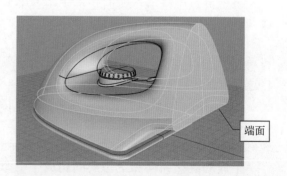

端面

图3-94　组合曲面

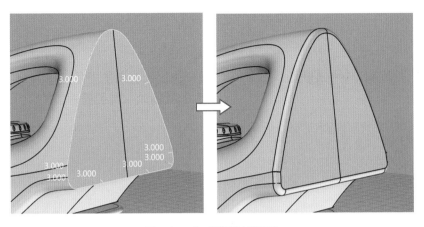

图3-95　生成端面边缘圆角

3.6.2　修复缺口

仔细观察上述过渡圆角，发现在两个转折处出现月牙形缺口，如图 3-96 所示。

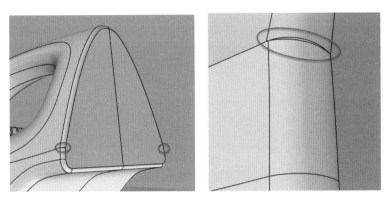

图3-96　月牙形的缺口

执行 Explode（炸开）命令，将图 3-94 中组合在一起的曲面分解。删除上图中缺口下方的圆角曲面。在开孔的左侧，捕捉上方和下方圆角曲面的端点绘制一条直线，用这条直线修剪其下方的曲面，结果如图 3-97 所示。

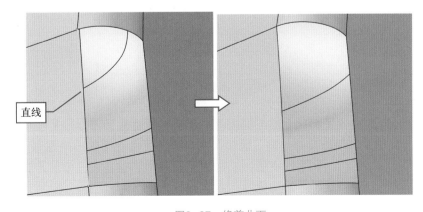

直线

图3-97　修剪曲面

执行Sweep2（双轨扫掠）命令，按顺序选择开孔处的四条边生成扫掠曲面，将开孔封闭，如图 3-98 所示。

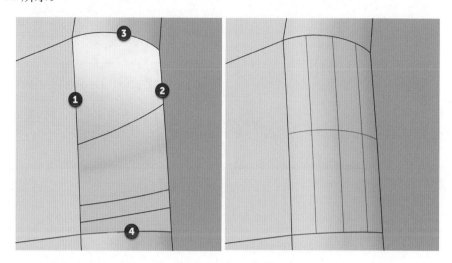

图3-98　扫掠曲面封闭开孔

以此类推，对另一侧的缺口做相同的处理，消除这里的缺口。电熨斗模型至此全部完成，成品模型如图 3-99 所示。

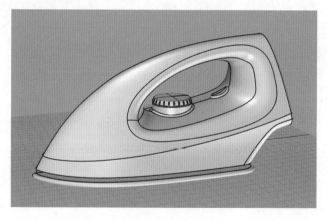

图3-99　电熨斗成品模型

扫码下载本章素材文件

第4章

电吹风

　　本章详细讲解一款负离子电吹风的建模过程，包括风筒、把手、集风嘴、电线吊环、后盖、模式开关等部件，涉及的技术环节包括背景图的设置、曲线的绘制、曲线的编辑、曲面的生成和切割等。电吹风的成品渲染图如图4-1所示。

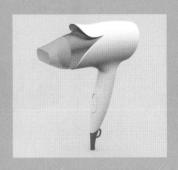

图4-1　电吹风成品渲染图

4.1 风筒壳体的创建

本节创建电吹风的主体部分——风筒壳体，主要流程包括绘制曲线、生成曲面、曲面的编辑创建等。

4.1.1 创建初始风筒曲面

本小节创建两个初始的风筒曲面，流程是导入背景板→绘制截面曲线→生成风筒曲面。

执行 Picture（添加一个平面图像）命令，选择资源包中的 back 图像文件，在 Front 视图中创建一个背景板，如图 4-2 所示。

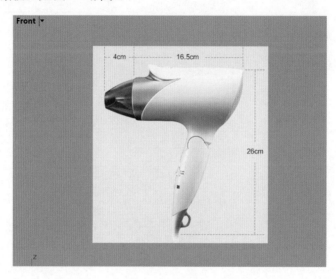

图4-2　导入背景图

在"图层"面板中创建一个新图层，命名为 back，将背景板设定为该图层，单击锁头按钮，将该图层锁定。

在 Front 视图，采用 Circle（圆）工具，单击命令行中的"垂直"选项，参照背景图，在 3 个位置绘制 3 个垂直于 Front 视图的圆，作为风筒的横截面，如图 4-3 所示。

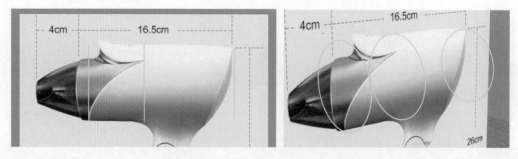

图4-3　绘制3个圆

打开"四分点"捕捉，依次选中 3 个圆，执行 Loft（放样）命令，编辑接缝点的位置，都放置到最高处的四分点，生成的放样曲面如图 4-4 所示。该曲面即为主风筒曲面。

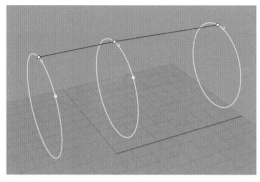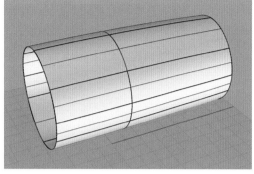

图4-4　放样生成风筒曲面

将上述曲面暂时隐藏。

采用 Circle（圆）工具，在背景图上，参考前端风筒绘制一个垂直于 Front 视图的圆。再将图 4-3 中位于中间的圆复制一个并稍缩小一点，如图 4-5 所示。

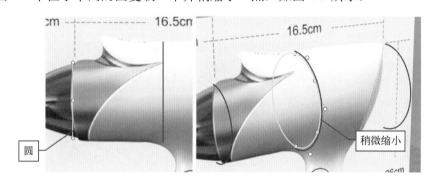

图4-5　绘制圆和曲线

执行 Loft（放样）命令，先后选中上一步绘制的两个圆和最右侧的圆，生成的放样曲面如图 4-6 所示。这个筒体直径稍小于图 4-4 中的筒体，即为前端风筒。

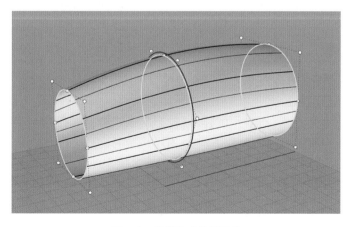

图4-6　放样生成前端风筒

4.1.2 风筒的细节制作

上一小节创建了两个风筒曲面，本小节将深入刻画风筒上的细节。

采用控制点曲线工具，在 Front 视图中，参考背景图绘制两条控制点曲线，两条曲线的交汇点应吸附在一起。两条曲线为主风筒和前端风筒之间的分界线，如图 4-7 所示。

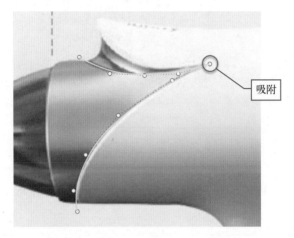

图4-7　绘制分界线

使用上述两条曲线分割前端风筒，删除其后半部分，结果如图 4-8 所示。

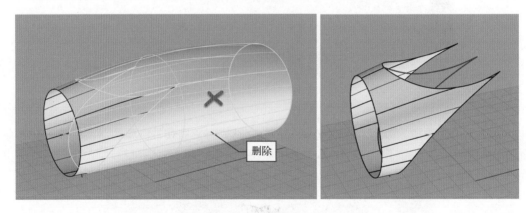

图4-8　切割并删除曲面

将图 4-7 中绘制的下方分界线复制一条。对控制点进行编辑，形成一种渐变张开的效果，两条曲线的右上角顶点保持重合，如图 4-9 所示。

将主风筒曲面显示出来。执行 Project（投影曲线）命令，在 Front 视图，将上一步编辑好的分界曲线投射到主风筒上，如图 4-10 所示。

执行 ExtractIsoCurve（抽离结构线）命令，捕捉投影曲线的端点，在风筒曲面上抽离两条结构线，如图 4-11 所示。

使用投影到风筒上的分界线和上一步抽离的曲线，切割风筒曲面，删除左上角的曲面，结果如图 4-12 所示。

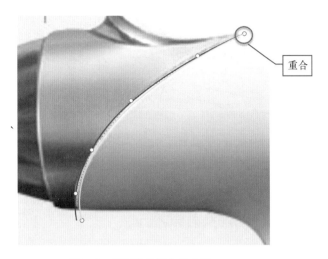

图4-9 复制并编辑分界曲线

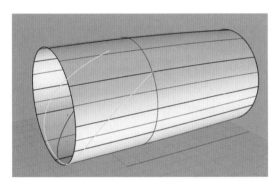

图4-10 投影分界曲线

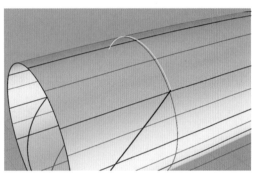

图4-11 抽离风筒上的结构线

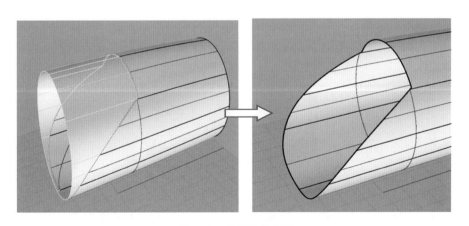

图4-12 切割风筒曲面

执行 BlendSrf（混接曲面）命令，将前端风筒和主风筒之间的缝隙填补起来，过渡方式均选择"曲率"，混接参数设置为 0.3。生成风筒之间的混接曲面如图 4-13 所示。

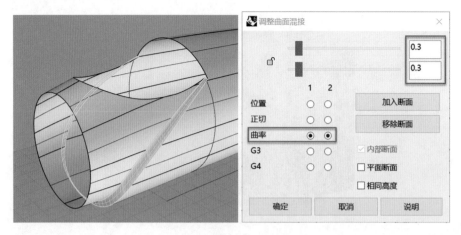

图4-13　生成风筒之间的混接曲面

4.1.3　创建等离子喷口曲面

这款电吹风的一个重要特征是设计有等离子喷口，其上方带有一个上翘的曲面造型。

采用控制点曲线工具，打开"端点"和"四分点"捕捉，参考背景图上负离子喷射口上方的曲面轮廓，在主风筒开口处绘制两条曲线，如图4-14所示。

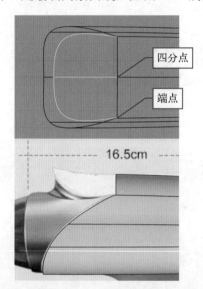

图4-14　绘制曲面轮廓

执行Match（衔接曲线）命令，匹配图4-15中箭头所指向的两条曲线。在"衔接曲线"对话框中，将"连续性"和"维持另一端"均设置为"曲率"。

执行CSec（从断面轮廓线建立曲线）命令，在3条曲线之间创建几条截面曲线，如图4-16所示。构成上翘曲面的网格线构建完成。

执行Patch（嵌面）命令，选择构建上翘曲面的所有曲线，在弹出的"嵌面曲面选项"对话框中，将曲面U、V方向的跨距数分别设置为10和6，如图4-17所示。

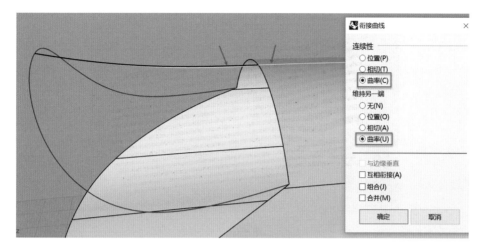

图4-15　匹配曲线

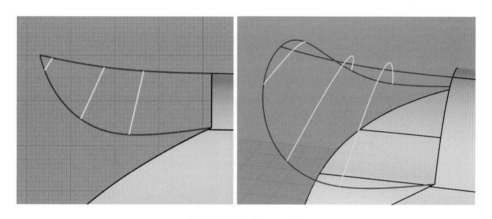

图4-16　创建截面曲线

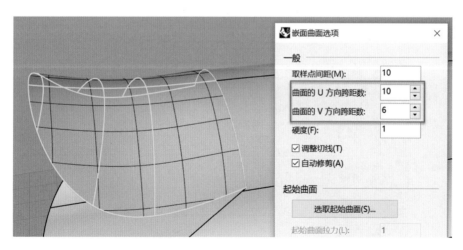

图4-17　创建上翘曲面

同时选中上翘曲面和筒体曲面，执行 Zebra（斑马纹分析）命令，可以看到两个曲面之间的过渡非常平顺，如图 4-18 所示。

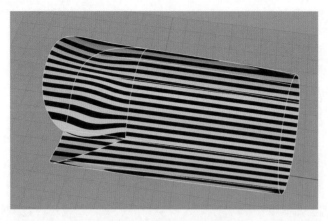

图4-18　曲面的斑马纹分析

采用直线绘制工具，在 Front 视图中，在上翘曲面四分点位置绘制一条向左下方倾斜的直线，如图 4-19 所示。

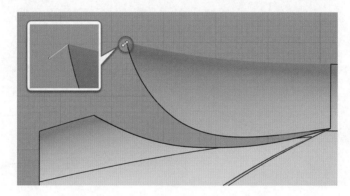

图4-19　绘制直线

执行 Sweep1（单轨扫掠）命令，以上翘曲面的边缘为路径，两侧的端点和上一步绘制的直线为断面，生成的扫掠曲面如图 4-20 所示。该曲面为曲面边缘的厚度。

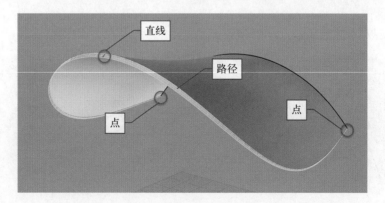

直线

路径

点

点

图4-20　扫掠生成边缘厚度

执行 BlendSrf（混接曲面）命令，在上述扫掠曲面和前端筒体边缘之间创建混接曲面。"调整曲面混接"对话框中的设置如图 4-21 所示。

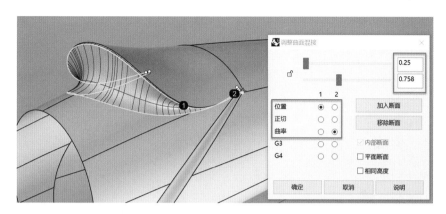

图4-21　生成混接曲面

选择所有曲面，在"属性"面板中关闭"显示曲面结构线"选项。风筒模型创建完成，如图 4-22 所示。

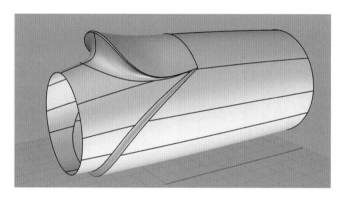

图4-22　完成的风筒模型

4.2　把手的创建

电吹风的把手主要创建流程包括壳体的创建、与风筒的曲面过渡、模式开关创建等。

4.2.1　把手壳体的创建

在 Front 视图中，参考背景图，采用控制点曲线工具绘制两条曲线，这两条曲线是把手壳体两侧的轮廓曲线，如图 4-23 所示。

打开"端点"捕捉，使用直径画圆工具，在 Perspective 视图中，捕捉两条轮廓曲线两端的端点绘制两个圆。这两个圆即为把手壳体的横断面曲线，如图 4-24 所示。

执行 Sweep 1（单轨扫掠）命令，按顺序选择侧面轮廓曲线作为扫掠路径，两个截面圆形作为断面，生成的把手壳体曲面如图 4-25 所示。

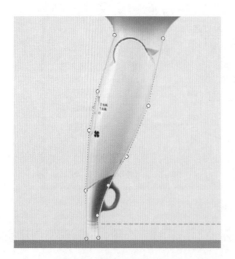

图4-23 绘制把手轮廓曲线

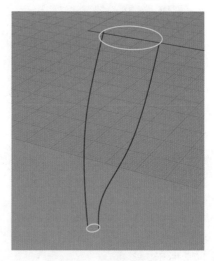

图4-24 创建把手横断面

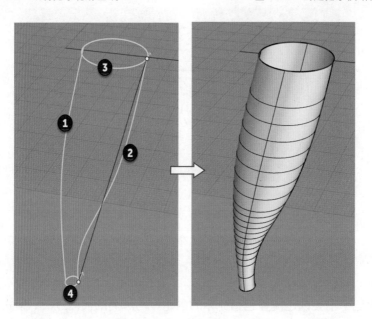

图4-25 扫掠生成把手壳体

4.2.2 把手与风筒壳体的过渡

本小节将创建把手壳体与风筒壳体之间的过渡曲面，主要操作流程为切割曲线创建→筒体的切割→曲面混接。

首先将风筒壳体曲面显示出来，在Front视图，采用控制点曲线工具绘制一条弧形曲线。注意曲线的两端要稍超出风筒曲面，如图 4-26 所示。

采用切割工具，用上述曲线切割风筒壳体，删除下方的椭圆形曲面，形成一个开孔，如图 4-27 所示。

执行 BlendSrf（混接曲面）命令，选择风筒开孔边缘和把手壳体边缘，在"调整曲面混接"对话框中进行具体设置，如图 4-28 所示。

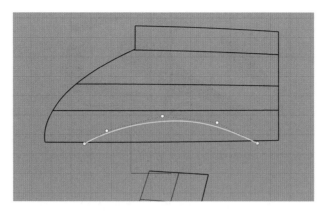

图4-26 绘制切割曲线

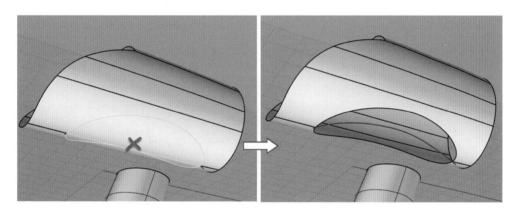

图4-27 切割风筒

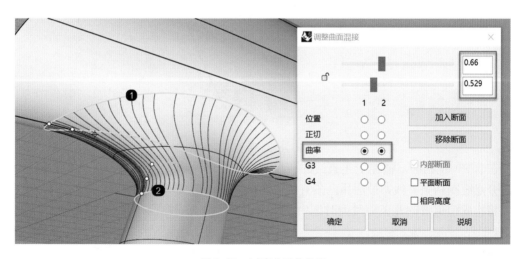

图4-28 过渡曲面的设置

将风筒、把手和过渡曲面同时选中，采用斑马纹检测，3 个曲面之间的连接平滑，如图 4-29 所示。

图4-29　斑马纹分析

4.2.3　模式开关凹槽创建

在 Front 视图中，参考背景图绘制一条垂直方向的直线，其高度与背景图上凹槽的长度一致，如图 4-30 所示。

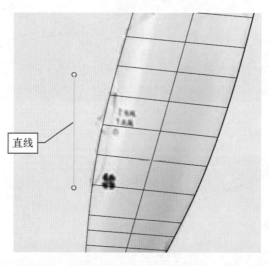

直线

图4-30　绘制直线

在 Right 视图中，捕捉上述直线的两个端点，绘制两个直径相同的圆。再捕捉两个圆的四分点绘制两条直线，最后用两条直线修剪两个圆，形成一个跑道圆，如图 4-31 所示。

将构成跑道圆的几条曲线同时选中，执行 Join（组合）命令，将几条曲线合并为一个整体。

执行 Project（投影曲线）命令，将跑道圆投射到把手曲面上，在把手曲面上产生两个投影，删除位于背面的无用投影，如图 4-32 所示。

使用分割工具，用投影到把手上的曲线分割把手曲面，结果如图 4-33 所示。

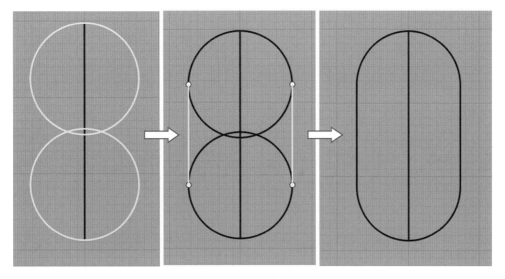

图4-31　绘制跑道圆

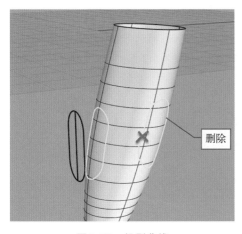

图4-32　投影曲线

删除

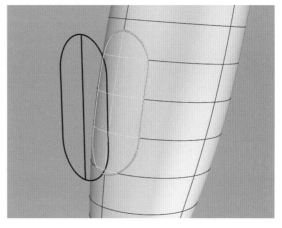

图4-33　分割把手曲面

选中分割开的跑道圆曲面，打开操作轴，当前操作轴的方位是与工作平面重合的横平竖直状态。后面的操作需要操作轴与跑道圆曲面角度贴合，因此要做一个定位操作轴的设置。

在操作轴的圆形手柄上单击左键，在弹出的菜单中执行"定位操作轴"命令。然后选择该曲面两端的四分点，操作轴将产生旋转与曲面重合，如图 4-34 所示。

采用操作轴工具把跑道圆曲面稍向把手内部移动一段距离，如图 4-35 所示。

采用 Loft（放样）工具，在把手和跑道圆曲面之间放样，生成曲面填补二者之间的空隙，如图 4-36 所示。

执行 FilletSrf（曲面圆角）命令，将圆角半径设置为 0.3 左右，在把手和填充曲面之间生成过渡圆角，如图 4-37 所示。

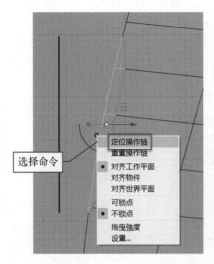
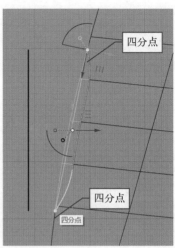

图4-34 定位操作轴

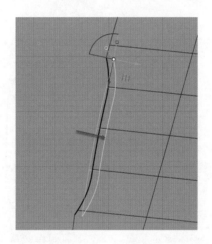

图4-35 移动曲面

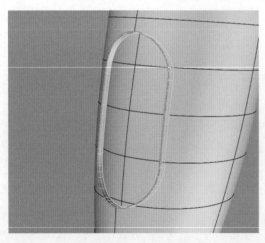

图4-36 放样填补空隙

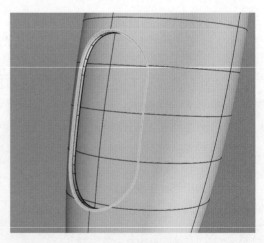

图4-37 生成过渡圆角

4.2.4　模式开关创建

将跑道圆曲面复制一个，向外移动，稍高于把手曲面，如图 4-38 所示。

将图 4-31 中绘制的跑道圆显示出来，执行 Explode（炸开）命令，将跑道圆炸开。将上方的半圆向下移动一段距离，如图 4-39 所示。

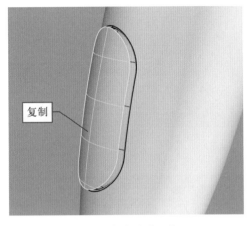

图4-38　复制跑道圆曲面

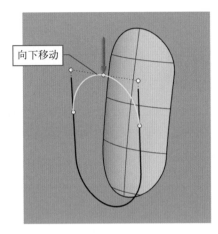

图4-39　移动半圆

用上述半圆形曲线切割跑道圆曲面，将上半部分删除，留下的曲面为模式开关的面盖，如图 4-40 所示。

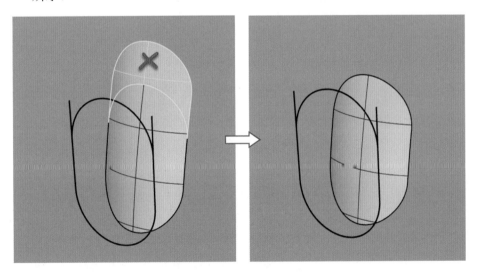

图4-40　生成开关面盖

在 Left 视图，绘制两条平行的直线，如图 4-41 所示。

用上述两条直线切割面盖曲面，删除中间的条状曲面，如图 4-42 所示。

在 Front 视图中，在面盖曲面的缺口中间位置，捕捉缺口边缘的四分点，采用直线和控制点曲线工具绘制一条直线和两条弧形曲线，如图 4-43 所示。

在缺口的两端，捕捉端点，绘制两条直线，如图 4-44 所示。

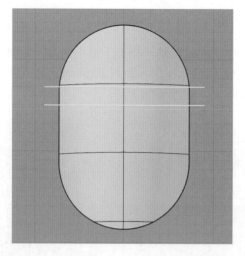

图4-41　绘制平行线

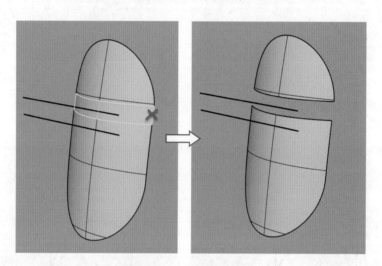

图4-42　切割面盖曲面

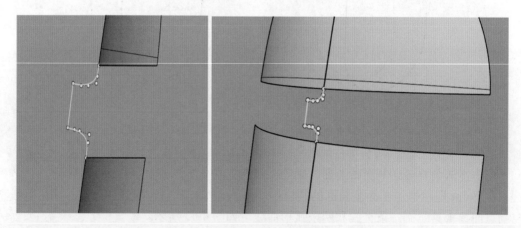

图4-43　绘制3条曲线

在 Front 视图中，捕捉上述直线的中点，绘制一个直径稍小于直线的圆，如图 4-45 所示。

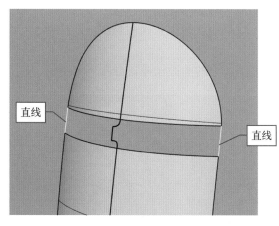

图4-44　绘制两条直线

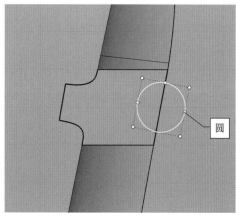

图4-45　绘制一个圆

用上述圆修剪缺口上的直线，将中间部分修剪掉，如图 4-46 所示。

执行 Sweep1（单轨扫掠）命令，以缺口的边缘为路径，缺口两端的直线和中间的弧形曲线为断面，扫掠生成缺口两侧的曲面，如图 4-47 所示。

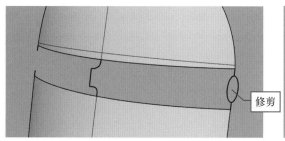

图4-46　修剪直线

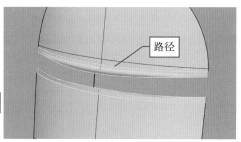

图4-47　扫掠生成两侧曲面

执行 BlendSrf（混接曲面）命令，在上述扫掠曲面之间生成混接曲面，将两端的曲率设置为 0.3 左右，如图 4-48 所示。

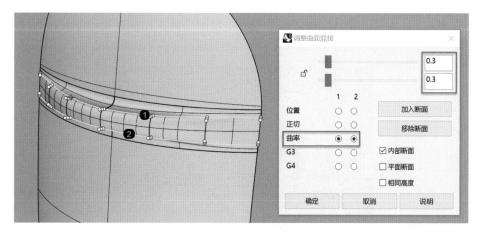

图4-48　创建混接曲面

执行 DupEdge（复制边缘）命令，复制面盖曲面侧面的所有轮廓线。再执行 Join（组合）

命令，将复制出来的轮廓线组合成一个整体，如图 4-49 所示。

执行 ExtrudeCrv（直线挤出）命令，将上述轮廓曲线向面盖反面挤出，形成面盖边缘的厚度，如图 4-50 所示。

到目前，创建的电吹风已经完成了把手和风筒部分的曲面建模，如图 4-51 所示。

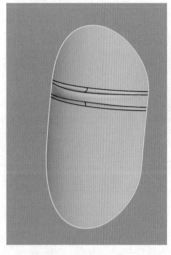 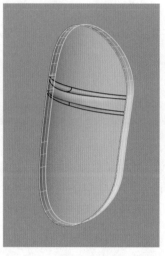 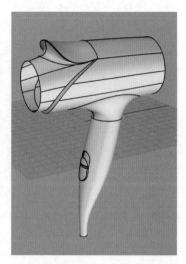

图4-49　复制并组合面盖轮廓线　　图4-50　挤出轮廓形成厚度　　图4-51　把手和风筒的建模

4.3　创建集风口

本节起，将创建电吹风上的几个附件——集风口、电线吊环和后盖等。

4.3.1　跑道圆的创建

集风口的一端与前端风筒连接，另一端是一个跑道圆形状，因此首先需要创建跑道圆。

在视图中，只显示前端风筒模型。采用直线绘制工具，捕捉风筒圆形开口两端的四分点，绘制一条水平直线，如图 4-52 所示。

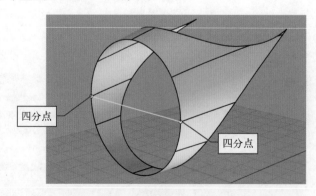

图4-52　绘制直线

以上述直线的两个端点为四分点，绘制两个半径为 8 的圆，如图 4-53 所示。

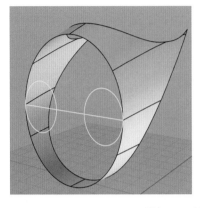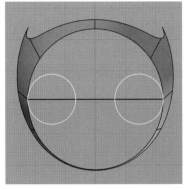

图4-53　绘制两个圆

捕捉上述两个圆的四分点，绘制两条直线。用两条直线修剪两个圆，形成一个跑道圆，如图 4-54 所示。

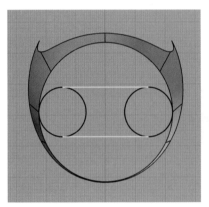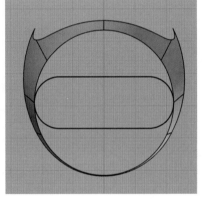

图4-54　创建跑道圆

显示背景图，将上述跑道圆移动到集风口左端开孔位置，如图 4-55 所示。

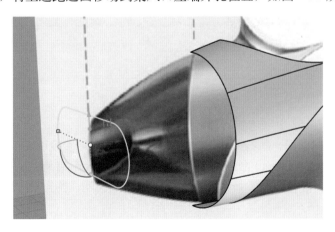

图4-55　移动跑道圆位置

4.3.2 生成集风嘴壳体

执行 ExtrudeCrv（直线挤出）命令，将跑道圆朝向 X 轴负方向挤出形成一个筒状曲面，如图 4-56 所示。

选择前端风筒端面的轮廓曲线，将前端风筒隐藏。执行 ExtrudeCrv（直线挤出）命令，将轮廓曲线向 X 轴正方向挤出，如图 4-57 所示。

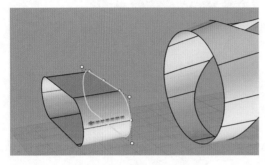
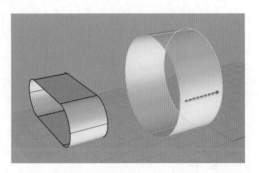

图4-56　直线挤出跑道圆　　　　　　　　　图4-57　直线挤出风筒轮廓线

执行 BlendSrf（混接曲面）命令，在两个挤出面之间创建混接曲面，风筒一侧的过渡方式为"曲率"，跑道圆一侧的过渡方式为"位置"，具体设置可参考图 4-58。这个混接曲面即为集风口的壳体曲面。

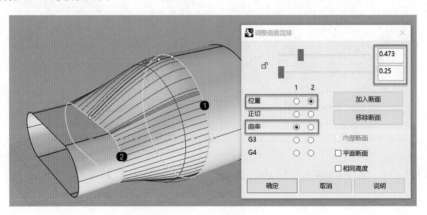

图4-58　调整曲面混接的设置

4.3.3 生成集风嘴厚度

将图 4-56 和图 4-57 中创建的两个直线挤出面删除。

选中集风嘴壳体曲面，执行 Rebuild（重建曲面）命令，参数设置可参考图 4-59。

执行 OffsetSrf（偏移曲面）命令，偏移方向为向内，偏移距离为 1，结果如图 4-60 所示。

执行 BlendSrf（混接曲面）命令，在内外两层壳体之间、跑道圆一侧创建混接曲面，参数设置如图 4-61 所示。

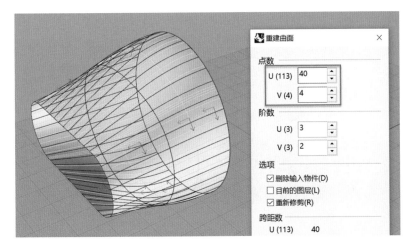

图4-59　重建壳体曲面

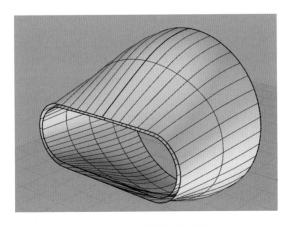

图4-60　偏移曲面的结果

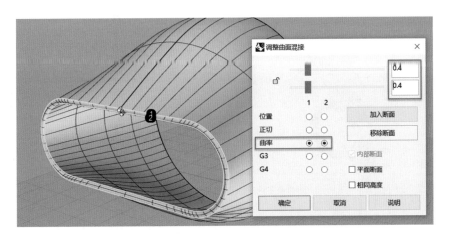

图4-61　内外壳体之间混接曲面

　　在内外壳体圆形开口一侧，采用 Loft（放样）工具，在二者之间生成一个环形平面，填补二者之间的空隙，使集风嘴成为一个封闭实体，如图 4-62 所示。

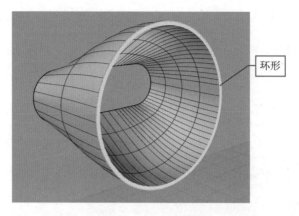

图4-62　放样封闭

4.4　创建电线吊环

本节将创建电线吊环，创建流程包括曲面分割、路径圆管创建、曲线投影、曲面混接等。

4.4.1　分割曲面

电线吊环的壳体和把手是连接在一起的，首先需要把吊环的壳体从把手上分割开来。

独立显示把手壳体曲面，在 Front 视图，采用控制点曲线工具，参照壳体和吊环曲面的分界线绘制一条曲线，曲线的两端要超出把手壳体，如图 4-63 所示。

执行 ExtrudeCrv（直线挤出）命令，单击命令行的"两侧"按钮，设置为双向挤出，将上一步绘制的分界线挤出成面，两端的宽度要大于把手曲面，如图 4-64 所示。

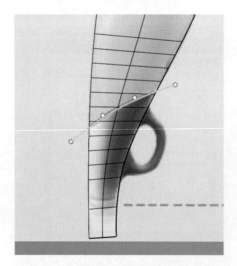

图4-63　绘制分界线

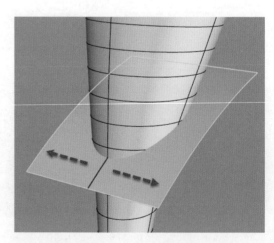

图4-64　双向挤出成面

用上述挤出曲面分割把手壳体，隐藏上半部分，留下的曲面即为吊钩的壳体。

再用吊钩壳体修剪挤出面，形成吊钩上盖，如图 4-65 所示。

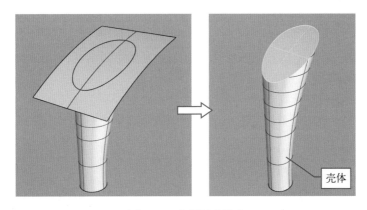

图4-65 分割把手曲面

4.4.2 过渡圆角处理

本小节将创建吊钩上下两个端面和壳体之间的过渡圆角。

执行 PlanarSrf（以平面曲线建立曲面）命令，选择吊钩壳体底部的开口断面，生成底部的封盖，如图 4-66 所示。

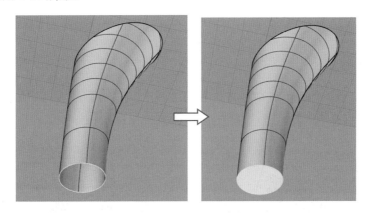

图4-66 底部封盖

执行 FilletSrf（曲面圆角）命令，将圆角半径设置为 0.4mm，分别在两个端面和壳体之间做倒圆角操作，结果如图 4-67 所示。

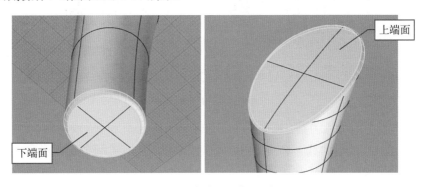

图4-67 两个端面的曲面圆角

4.4.3　创建吊耳

在 Front 视图，采用控制点曲面工具，参考背景图中的吊耳，沿着中心位置绘制一条路径曲线，如图 4-68 所示。

选中上述路径曲线，执行 Pipe（圆管）命令，在命令行单击"加盖"选项，进一步设置为"无"。参照背景图设置圆管的半径，并保持两端半径一致，结果如图 4-69 所示。

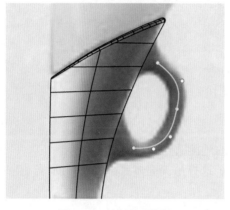
图4-68　绘制吊耳路径

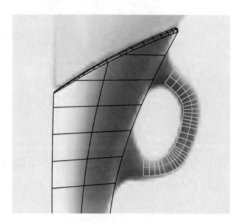
图4-69　创建圆管

4.4.4　创建过渡曲面

执行 Circle（圆）命令，在命令行设置为"两点"和"垂直"，参照背景图中过渡曲面的位置，绘制两个圆，如图 4-70 所示。

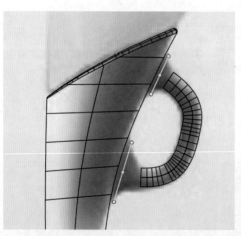

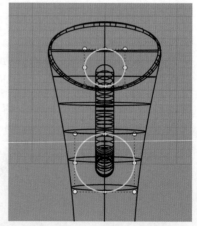
图4-70　绘制两个圆

采用操作轴上的缩放工具，横向缩小下方的圆，使之成为一个椭圆形，如图 4-71 所示。

执行 Project（投影曲线）命令，在 Left 视图中，将上述两个圆投影到壳体曲面上，删除壳体反面的投影，如图 4-72 所示。

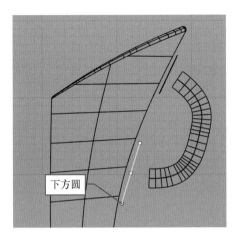
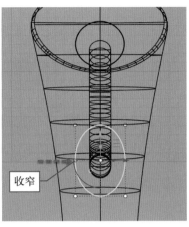

图4-71　横向缩小圆

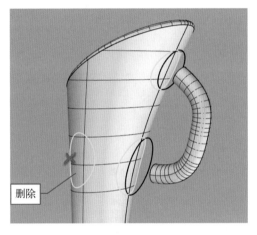

图4-72　投影曲线

执行 Split（分割）命令，采用投影曲线分割壳体，将投影线内部的曲面删除，留下两个空洞，如图 4-73 所示。

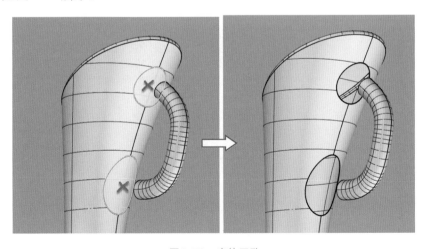

图4-73　壳体开孔

执行 BlendSrf（混接曲面）命令，在上方开孔和吊耳边缘之间建立混接曲面，"调整曲面混接"对话框中的设置如图 4-74 所示。

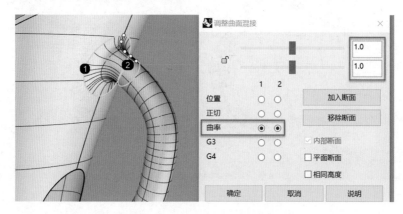

图4-74　创建上方过渡曲面

执行 BlendSrf（混接曲面）命令，在下方开孔和吊耳边缘之间建立混接曲面，"调整曲面混接"对话框中的设置如图 4-75 所示。

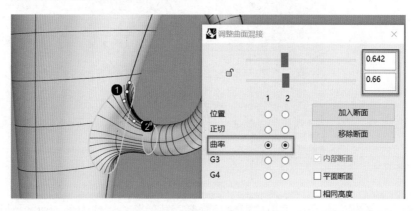

图4-75　创建下方过渡曲面

吊环模型完成效果如图 4-76 所示。

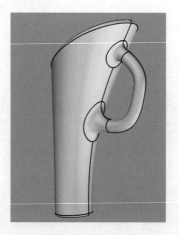

图4-76　吊环成品图

4.5　创建后盖

电吹风的后盖是一个局部的球面，与把手曲面形成顺滑曲面，创建流程包括绘制曲线、匹配曲线、放样、开孔等步骤。

4.5.1　切割曲面

由于后盖曲面与主风筒和把手过渡曲面相交，因此只需要显示这两个曲面，如图 4-77 所示。

在 Front 视图，采用控制点曲线工具，参照背景图中风筒右侧的轮廓，绘制一条贯穿风筒和过渡曲面的曲线，注意曲线两端要超出风筒和过渡曲面，如图 4-78 所示。

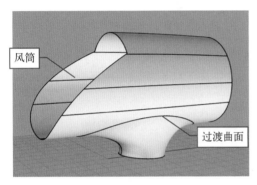

图4-77　显示风筒和过渡曲面

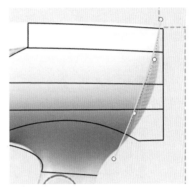

图4-78　绘制风筒后轮廓曲线

在 Front 视图，用上述曲线修剪风筒和过渡曲面，结果如图 4-79 所示。

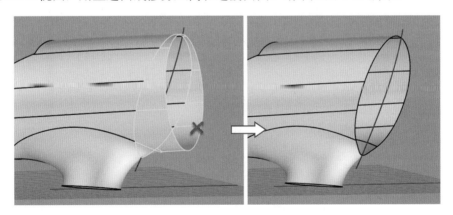

图4-79　修剪风筒和过渡曲面

4.5.2　创建后盖轮廓曲线

在 Front 视图中，参考背景图中的后盖轮廓，捕捉风筒和过渡曲面上的四分点，绘制一条弧形曲线，如图 4-80 所示。

执行 ExtractIsoCurve（抽离结构线）命令，将方向设置为垂直，打开"端点"捕捉，在过渡曲面上抽离一根与上述弧形曲线对接的结构线，如图 4-81 所示。

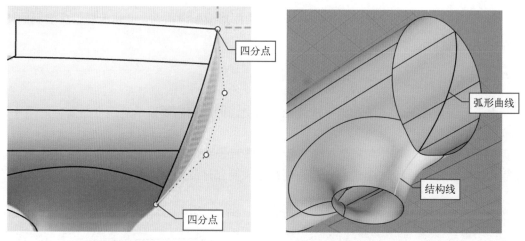

图4-80 绘制后盖轮廓　　　　　　　　图4-81 抽离结构线

执行 Match（衔接曲线）命令，对上述弧形曲线和抽离的结构线做曲率匹配，"衔接曲线"对话框中的设置可参考图 4-82。

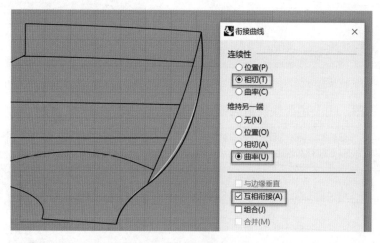

图4-82 曲线的匹配

4.5.3　创建后盖

执行 DupEdge（复制边缘）命令，复制风筒和过渡曲面的所有边缘。再执行 Join（组合）命令，将这些边缘组合起来成为一个整体，如图 4-83 所示。

执行 Split（分割）命令，用后盖轮廓曲线分割上述壳体边缘曲线，将其一分为二，如图 4-84 所示。

执行 Loft（放样）命令，依次选择 3 条曲线，放样生成后盖曲面，如图 4-85 所示。

执行 Join（组合）命令，将后盖、风筒和过渡曲面结合成一个整体。

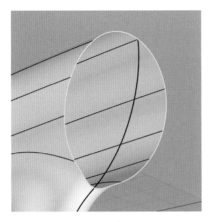

图4-83　复制并组合边缘曲线

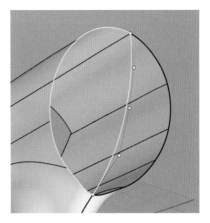

图4-84　分割边缘曲线

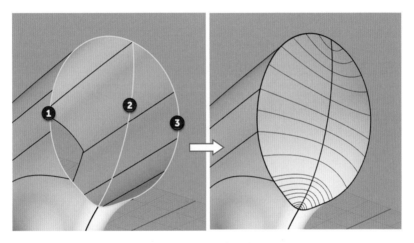

图4-85　放样生成后盖曲面

执行 FilletEdge（边缘圆角）命令，将半径设置为 2mm，选择后盖的所有边缘，生成的过渡圆角如图 4-86 所示。

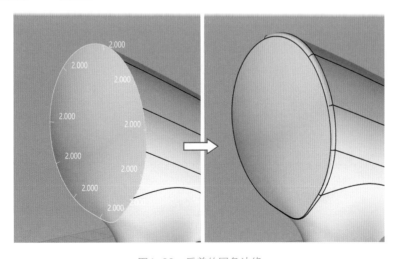

图4-86　后盖的圆角边缘

电吹风模型的创建至此全部完成，图 4-87 所示为两张成品模型。

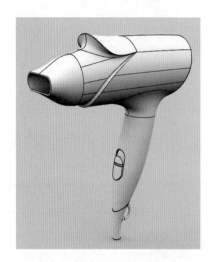 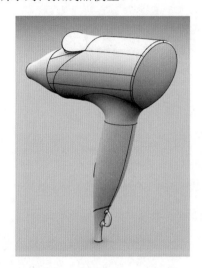

图4-87　电吹风成品模型

第5章
水龙头

本章详细讲解一款台盆水龙头的建模过程，包括底座、水嘴、把手等部件，涉及的技术环节包括曲线的绘制、曲线的编辑、曲面的修补和切割等。水龙头的成品材质渲染图如图5-1所示。

图5-1 水龙头成品材质渲染图

5.1　水嘴和壳体的创建

本节创建水龙头的水嘴和底座壳体，主要流程包括绘制曲线、生成曲面、曲面的编辑创建等。

5.1.1　创建底座轮廓曲线

水龙头底座的轮廓是一种特殊的八段弧形状——由两种规格的八段圆弧拼合而成的一种介于正方形和正圆之间的形状。其创建方法也较一般的正方形和圆大不相同。

图5-2　"三点圆弧"按钮

首先，单击"圆弧"面板中的"三点圆弧"按钮，如图5-2所示。

在 Top 视图 X 轴下方 20mm 处，绘制一段三点圆弧，横向宽度为 20mm，与 Y 轴为左右对称关系，如图 5-3 所示。

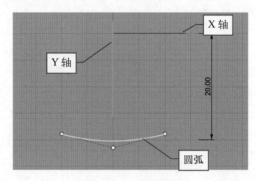

图5-3　绘制三点圆弧

执行 ArrayPolar（环形阵列）命令，选中上述圆弧，以坐标原点为阵列中心，阵列数量为 4，总和角度为默认值 360°，阵列的结果如图 5-4 所示。

执行 ArcBlend（弧形混接）命令，对相邻的两端圆弧做弧形混接，如图 5-5 中红圈处所示。

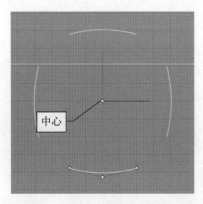

图5-4　阵列圆弧

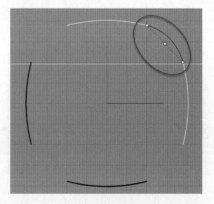

图5-5　弧形混接

以此类推，将另外三个角上的缺口也用弧形混接工具进行封闭，如图 5-6 所示。

将上述八段圆弧同时选中，执行 Join（组合）命令，成为一个完整的八段弧图形。

复制八段弧，使用操作轴中的缩放工具，将一个八段弧等比例缩小，如图 5-7 所示。

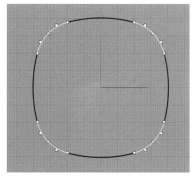

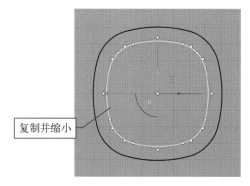

复制并缩小

图5-6　弧形混接三个转角　　　　　　　　　　　图5-7　复制并缩小八段弧

使用移动工具，将缩小的八段弧沿 Z 轴正方向移动 40mm，如图 5-8 所示。

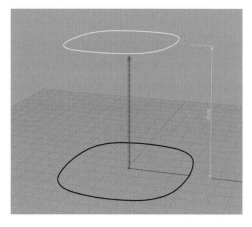

图5-8　移动八段弧

捕捉两个八段弧形同侧的四分点，绘制一条弧线，如图 5-9 所示。该弧线为底座的侧面轮廓曲线。

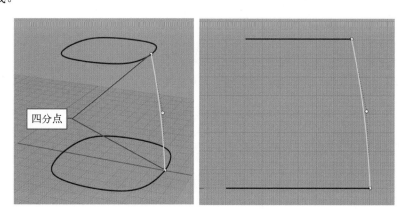

四分点

图5-9　绘制侧面轮廓

5.1.2　创建水嘴轮廓曲线

采用控制点曲线工具，在 Front 视图中绘制两条曲线，下方曲线的右端点与底部的八段弧四分点吸附，如图 5-10 所示。这两条曲线即为水嘴的上下位置的轮廓曲线。

采用直径画圆工具，捕捉上述轮廓曲线左侧的两个端点，绘制一个圆形，如图 5-11 所示。

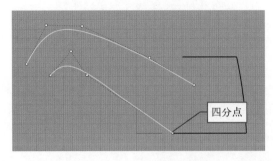

图5-10　创建水嘴轮廓曲线

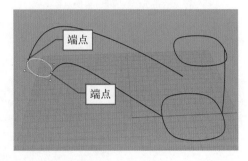

图5-11　绘制圆形

采用控制点曲线工具，捕捉上述圆形的四分点和底部八段弧，绘制一条曲线，作为水嘴的左侧轮廓曲线，如图 5-12 所示。

执行 Mirror（镜像）命令，将左侧轮廓曲线以 X 轴为中心复制并镜像到右侧，如图 5-13 所示。

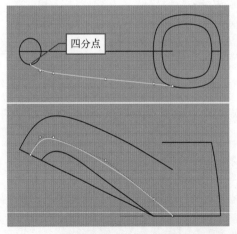

图5-12　绘制左侧轮廓曲线

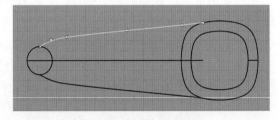

图5-13　镜像轮廓曲线

5.1.3　创建底座和水嘴曲面

执行 Sweep2（双轨扫掠）命令，依次选择上方和下方的八段弧作为路径，底座侧面轮廓曲线作为断面曲线，生成底座壳体曲面，如图 5-14 所示。

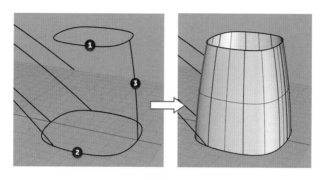

图5-14　生成底座壳体曲面

　　执行 InterpCrv（内插点曲线）命令，捕捉水嘴轮廓曲线底座一侧的三个端点，绘制一条弧形曲线，如图 5-15 所示。

　　执行 Split（分割）命令，用水嘴上方轮廓曲线分割上述弧形曲线，将其一分为二，如图 5-16 所示。这样的操作会在断点处生成一个控制点，可确保曲线的端点与轮廓线重合。

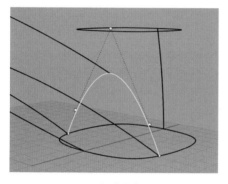

图5-15　创建内插点曲线

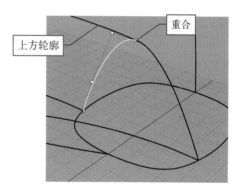

图5-16　分割弧形曲线

　　采用操作轴上的缩放工具，同时编辑两侧曲线上的顶点，将上方的弧度编辑成较为平缓的形状，可参考图 5-17。

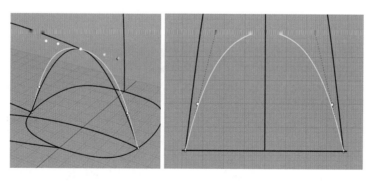

图5-17　编辑弧形的形态

　　执行 Join（组合）命令，将两侧的曲线组合起来成为一条完成的曲线。

　　执行 Split（分割）命令，用两条侧面轮廓曲线分割水嘴前端的圆形，将其一分为二，如图 5-18 所示。

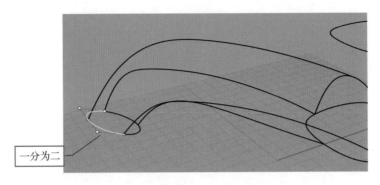

图5-18　分割圆形

执行 NetworkSrf（从网线建立曲面）命令，选择水嘴的两条侧面轮廓曲线、上方轮廓曲线、半圆形和后方的弧形曲线，生成水嘴的上方壳体曲面，如图 5-19 所示。

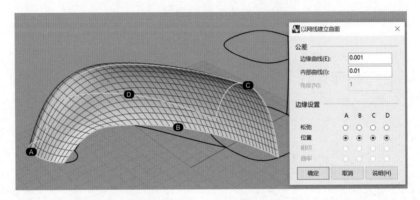

图5-19　生成水嘴上方壳体曲面

采用 Split（分割）工具，用两条侧面轮廓曲线分割底座底部轮廓曲线，结果如图 5-20 所示。

执行 NetworkSrf（从网线建立曲面）命令，选择水嘴两侧轮廓、下方轮廓、前方半圆形和底座轮廓（分割部分），生成水嘴下方壳体曲面，如图 5-21 所示。

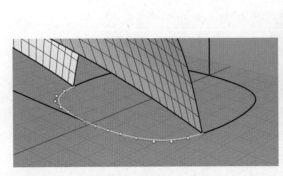

图5-20　分割底座轮廓曲线

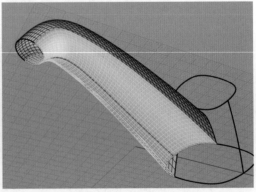

图5-21　生成水嘴下方壳体

至此，龙头壳体部分曲面创建完成，如图 5-22 所示。

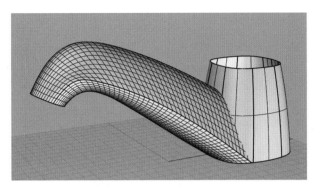

图5-22 龙头壳体曲面

5.2 壳体的编辑

上一节完成了水龙头底座和水嘴部分壳体的创建，本节将对壳体做深入编辑刻画，主要操作流程包括壳体的修剪、曲面的修补等。

5.2.1 壳体的修剪和封盖

本小节将对壳体和底座曲面做修剪和封盖处理，为后续步骤做好准备。

执行 Split（分割）命令，采用底座壳体修剪水嘴上方壳体，结果如图 5-23 所示。

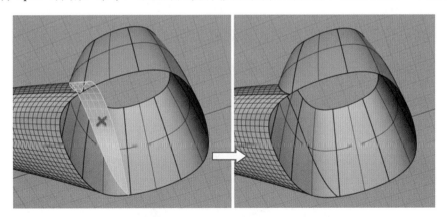

图5-23 修剪水嘴上方壳体

执行 Split（分割）命令，采用水嘴上方壳体修剪底座曲面，在二者相交处形成一个空洞，如图 5-24 所示。

全选底座下方的所有边缘，执行 PlanarSrf（以平面曲线建立曲面）命令，生成底座下方平面封盖，如图 5-25 所示。

采用相同操作，对底座上方的开口进行平面封盖，结果如图 5-26 所示。

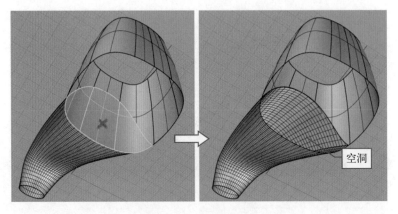

图5-24　修剪底座壳体

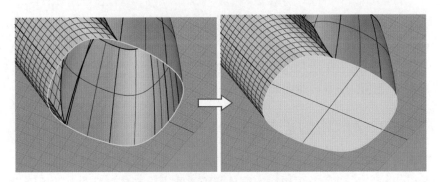

图5-25　创建底座下方封盖

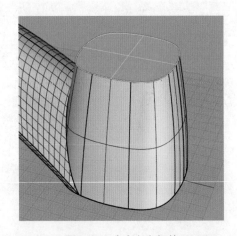

图5-26　底座上方加盖

5.2.2　创建过渡曲面

将目前创建的所有曲面同时选中，执行 Join（组合）命令，将这些曲面组成一个整体。

执行 FilletEdge（边缘圆角）命令，将圆角半径设置为 7mm，选中底座和水嘴上方曲面之间的分界线，如图 5-27 所示。

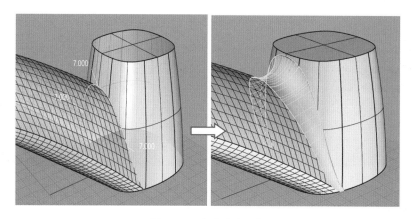

图5-27 生成过渡圆角

接下来创建水嘴上方和下方曲面之间的过渡曲面。采用的技法是圆管修剪法。

首先创建圆管。执行 Pipe（圆管）命令，选择两个曲面之间的交界线，半径设置为 2mm，两端设置为不加盖。生成的圆管如图 5-28 所示。

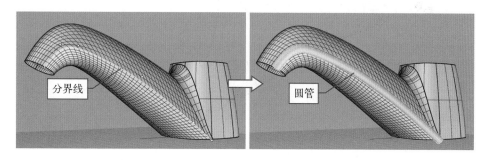

图5-28 创建圆管

观察上述圆管与水嘴前端，会发现圆管和上方曲面并没有完全相交，这样会在修剪曲面时出现问题。执行 ExtendSrf（延伸曲面）命令，将圆管向外延伸一段，确保与两个水嘴曲面相交，如图 5-29 所示。

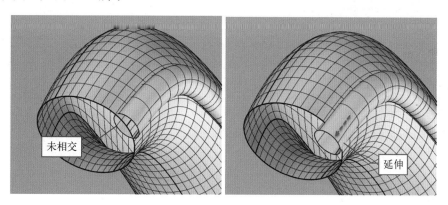

图5-29 延伸圆管曲面

执行 Split（分割）命令，用圆管分割水嘴上下壳体曲面，将圆管和分割开的曲面删除，在两个壳体之间生成一个宽度均匀的缝隙，如图 5-30 所示。

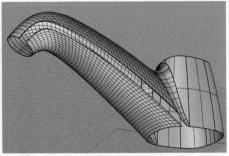

图5-30　修剪曲面

执行 Blendsrf（混接曲面）命令，在两个壳体曲面之间生成过渡曲面，在靠近底座一侧编辑控制点，使两侧的边对齐，如图 5-31 所示。

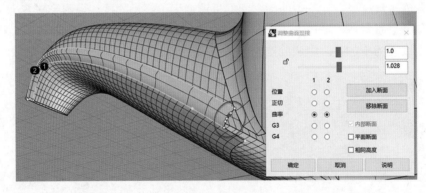

图5-31　创建混接曲面

单击"调整曲面混接"对话框中的"加入断面"按钮，在混接曲面上加入若干断面，修正曲面上的波浪线，可参考图 5-32 中红圈位置。

关闭所有曲面的结果线显示，当前水龙头模型如图 5-33 所示。

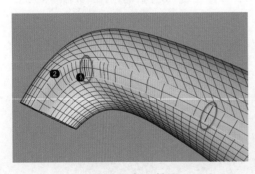

图5-32　加入断面

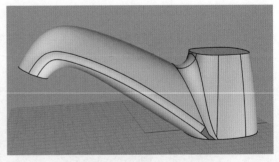

图5-33　当前的水龙头

5.2.3　修补曲面1

当前，水龙头模型在底座附近几个曲面的交汇处，有一个不规则形状的空洞，如图 5-34 中红圈处所示。从本小节起将对这个空洞做修补。

执行 ExtractIsoCurve（抽离结构线）命令，在底座和上方壳体之间的过渡曲面上，捕捉水嘴壳体过渡曲面的端点，抽离一条横向的结构线，如图 5-35 所示。

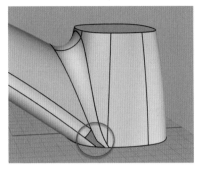
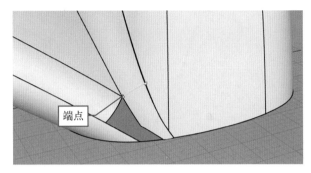

<table><tr><td>图5-34　底座附近的空洞</td><td>图5-35　抽离结构线</td></tr></table>

用上一步抽离的结构线切割过渡曲面，并删除下方的面。结果如图 5-36 所示。

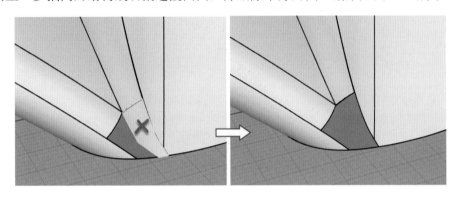

图5-36　分割过渡曲面

采用控制点曲线工具，捕捉缺口上的两个端点，绘制一条曲线，如图 5-37 所示。

执行 Match（衔接曲线）命令，匹配上述曲线和过渡曲面边缘曲线，在"衔接曲线"对话框中的设置可参考图 5-38。

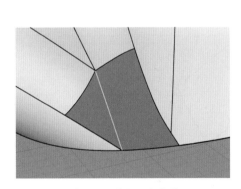
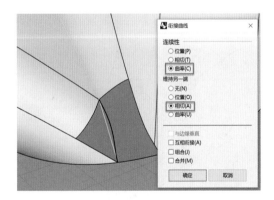

<table><tr><td>图5-37　绘制一条曲线</td><td>图5-38　匹配曲线</td></tr></table>

执行 EndBulge（调整端点转折）命令，编辑连接曲线，使之更加平顺，如图 5-39 所示。

将底座底部的封盖曲面隐藏，执行 BlendCrv（可调式混接曲线）命令，在缺口两侧的边缘之间创建混接曲线，如图 5-40 所示。

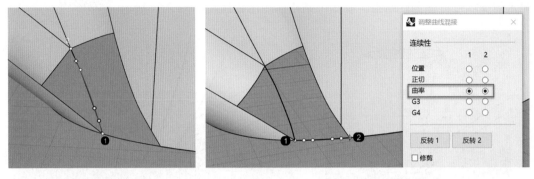

图5-39　编辑曲线形态　　　　　　　　　　图5-40　建立混接曲线

执行 SplitEdge（分割边缘）命令，选择底座侧面的开口边缘，捕捉横向结构线的端点，将边缘曲线分割开，如图 5-41 所示。

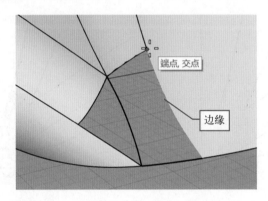

图5-41　分割边缘

5.2.4　修补曲面2

执行 Sweep2（双轨扫掠）命令，依次选择底座侧面轮廓等 4 条边，生成扫掠曲面，如图 5-42 所示。

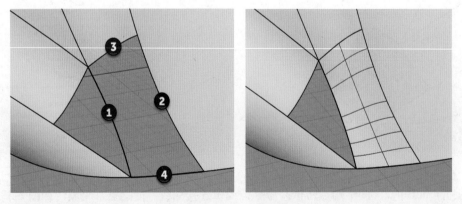

图5-42　扫掠生成过渡曲面

对相邻的几个曲面做斑马纹分析，会发现曲面的连续性并不理想，斑马纹有明显的瑕疵，如图 5-43 中红圈处所示。

这种情况下，可以用衔接曲面工具对相邻曲面做曲率匹配。执行 MatchSrf（衔接曲面）命令，先单击曲面之间的分界线，再单击扫掠曲面。在"衔接曲面"对话框中，将"连续性"和"维持另一端"都设置为"曲率"。可以看到，斑马纹得到了明显改善，如图 5-44 所示。

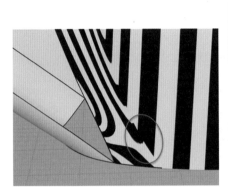

图5-43　斑马纹分析

图5-44　匹配曲面

采用控制点曲线工具，捕捉过渡曲面端点和过渡曲线的中点绘制一条曲线，如图 5-45 所示。

执行 Match（衔接曲线）命令，对上述曲线和过渡曲面边缘进行曲率匹配，"衔接曲线"对话框设置如图 5-46 所示。

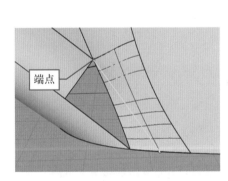

图5-45　绘制连接曲线

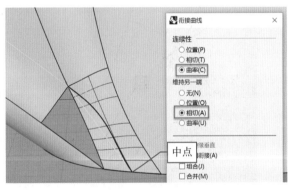

图5-46　衔接曲线处理

执行 Split（分割）命令，用连接曲线分割扫掠曲面，将左下方的曲面删除，如图 5-47 所示。

采用 SplitEdge（分割边缘）工具和 Split 工具分割开孔左边和下方的边缘，为扫掠成面做好准备，如图 5-48 中红色箭头所示。

执行 Sweep2（双轨扫掠）命令，依次选择开孔的 4 条边缘，生成扫掠曲面，如图 5-49 所示。

至此，水龙头壳体交汇处的空洞修补完成。全选所有曲面，执行 Emap（环境贴图）命令，对曲面的连续性做校验，如图 5-50 所示。

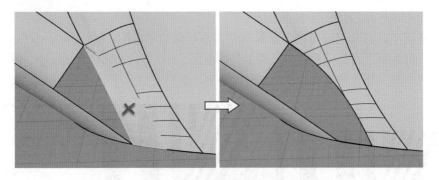

图5-47 分割并删除曲面

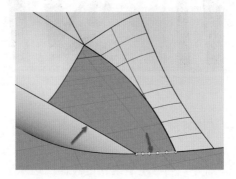

图5-48 分割两条边

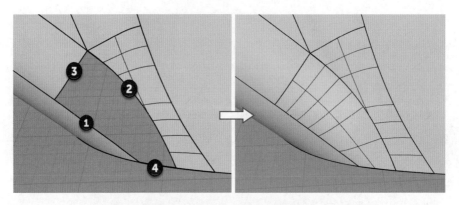

图5-49 扫掠生成曲面

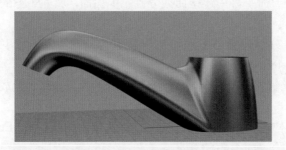

图5-50 环境贴图校验

5.2.5　壳体曲面的镜像

到上一小节，完成了水龙头壳体左侧的创建，本小节将把左侧的曲面复制镜像到右侧。

在 Front 视图中，执行 Plane（矩形平面）命令，创建一个矩形平面，其范围要大于水嘴壳体，如图 5-51 所示。

采用 Trim（修剪）工具，将平面矩形后方的所有壳体曲面都修剪掉，如图 5-52 所示。

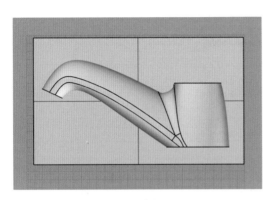

图5-51　创建矩形平面

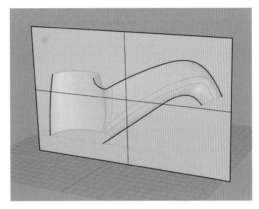

图5-52　修剪一半壳体曲面

执行 Mirror（镜像）命令，全选所有壳体曲面，沿 X 轴复制镜像到右侧，如图 5-53 所示。

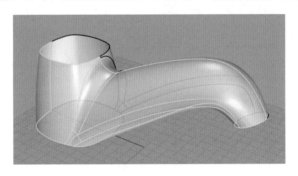

图5-53　复制并镜像壳体曲面

5.3　把手轮廓曲线的创建

本节创建水龙头的鸭嘴手柄，主要流程包括绘制曲线、生成曲面、曲面的编辑创建等。

5.3.1　底座的加高

采用画圆工具，在 Top 视图中，在底座中心位置绘制一个半径为 13mm 的圆。在 Front 视图中，将圆向上移动到底座上方 15mm 的位置，如图 5-54 所示。

执行 ExtrudeCrv（直线挤出）命令，将上述圆形向上挤压形成一个圆管，如图 5-55 所示。

执行 Blendsrf（混接曲面）命令，上述圆管和底座曲面之间生成混接曲面，如图 5-56

所示。

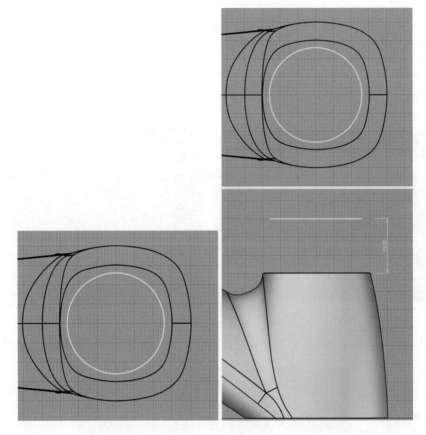

图5-54　创建一个圆

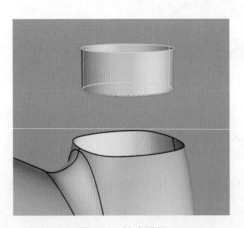

图5-55　挤出圆管

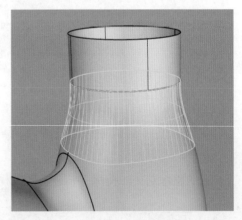

图5-56　混接曲面

　　将圆管曲面删除，使用 PlanarSrf（以平面曲线建立曲面）命令，将混接曲面上方封闭，如图 5-57 所示。

　　执行 Sphere（球体）命令，捕捉上述封盖的中心点，创建一个直径稍小于封盖的球体，如图 5-58 所示。

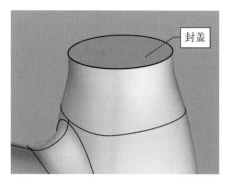

图5-57　封盖混接曲面

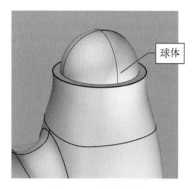

图5-58　创建球体

5.3.2　创建把手曲线

采用控制点曲线工具，在Front视图中绘制两条平面曲线，上方的是把手的外轮廓曲线，下方的是内轮廓曲线，如图 5-59 所示。

把手内外轮廓曲线是分布在一个平面上的，而把手的两个侧面轮廓曲线是一种空间曲线，也就是在三个维度上都有高度变化，如图 5-60 所示。

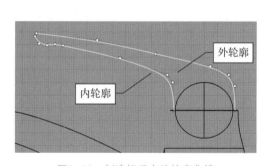

图5-59　创建把手内外轮廓曲线

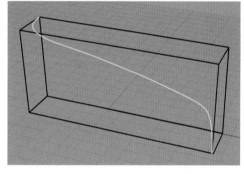

图5-60　空间曲线

这种曲线直接绘制会比较困难，可以采用拟合法来创建：先绘制两个维度上的平面曲线，再用拟合曲线工具求出两条曲线的交集，形成一条空间曲线。图 5-61 是拟合法的工作原理图，1 号曲线和 2 号曲线都是平面曲线，经过直线挤出之后形成曲面，两个曲面的相交线（3 号）即为拟合空间曲线。

采用控制点曲线工具，在 Top 视图中绘制把手侧面轮廓水平方向轮廓曲线 1，在 Front 视图中绘制垂直方向轮廓曲线 2，如图 5-62 所示。

执行 Crv2View（从两个视图的曲线）命令，先后选择上述 1 号和 2 号曲线，拟合生成空间曲线，如图 5-63 所示。该曲线就是把手的侧面轮廓曲线。

由于侧面轮廓曲线上的控制点过多，不方便编辑，可以适当清理。

执行 RebuildCrvNonUniform（非一致性的重建曲线）命令，在命令行将点数设置为 17，删除输入物件，重建的结果如图 5-64 所示，曲线上的控制点简洁了很多。

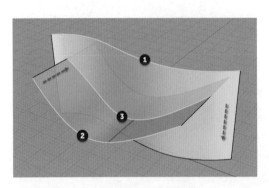

图5-61 拟合曲线原理图

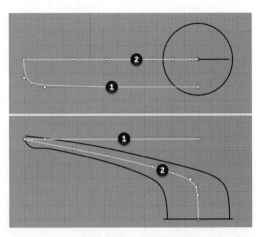

图5-62 绘制两条平面轮廓曲线

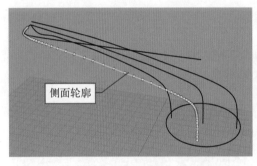

图5-63 拟合生成侧面轮廓曲线

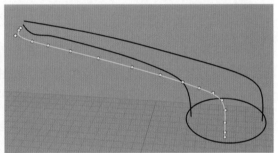

图5-64 重建曲线

5.3.3 创建把手曲线和优化

本小节继续把手轮廓曲线的创建和优化。

使用移动工具，将轮廓曲线的端点移动吸附到内轮廓端点上，如图 5-65 所示。

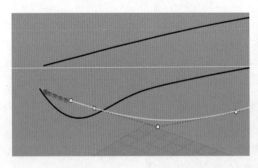

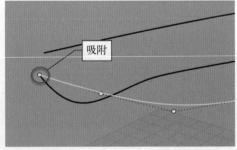

图5-65 移动吸附端点

执行 Offset（曲线偏移）命令，选中侧面轮廓曲线，单击命令行上的"通过点"选项，捕捉外轮廓曲线的端点，生成一条偏移曲线，如图 5-66 所示。

执行 RebuildCrvNonUniform（非一致性的重建曲线）命令，对偏移曲线进行重建，点数设置为 17，删除输入物件，结果如图 5-67 所示。

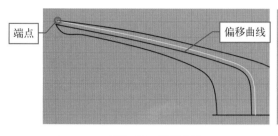

端点　　　　　　　　　　偏移曲线

图5-66　偏移曲线

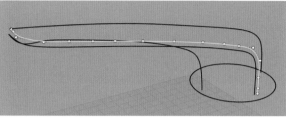

图5-67　重建偏移曲线

采用操作轴上的移动工具，对几条侧面轮廓曲线的形态做仔细编辑，在图 5-68 中的红圈处，几条轮廓曲线的端点与封盖的边缘吸附在一起。

选中两条侧面轮廓曲线，执行 Mirror（镜像）命令，沿 X 轴复制并镜像，如图 5-69 所示。

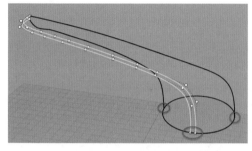

图5-68　编辑轮廓曲线

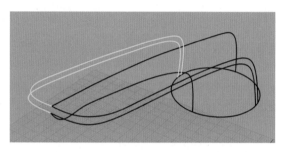

图5-69　复制并镜像侧面轮廓曲线

执行 Match（衔接曲线）命令，对两组侧面轮廓曲线做曲率匹配。在"衔接曲线"对话框中的设置如图 5-70 所示。

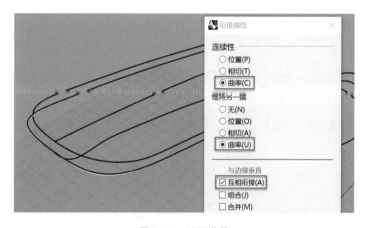

图5-70　匹配曲线

5.4　把手壳体的创建

上一节创建了把手的轮廓曲线，本节将创建把手的壳体曲面。

5.4.1 创建外轮廓曲面

执行 CSec（从断面轮廓线建立曲面）命令，按照顺序选择构成把手上盖轮廓的3条曲线，如图 5-71 所示。

在 Front 视图中插入几条断面线，断面线的位置可参考图 5-72。

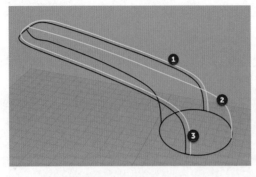
图5-71 轮廓线选择顺序

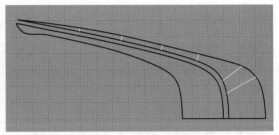
图5-72 插入断面线

采用操作轴工具，对转折处的断面线形态做编辑，可参考图 5-73 所示的效果。

用两侧的 4 条侧面轮廓曲线分割底部的圆形，将其分割成 4 段，如图 5-74 所示。

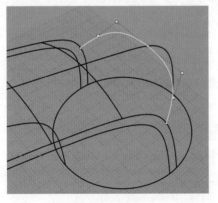
图5-73 编辑断面线形态

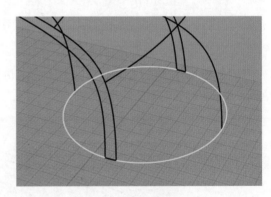
图5-74 分割底部圆形

执行 NetworkSrf（从网线建立曲面）命令，选择所有构成上盖的曲线，生成上盖曲面，如图 5-75 所示。

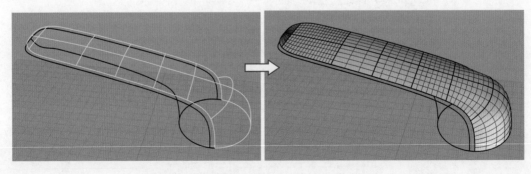
图5-75 创建上盖曲面

5.4.2　创建内轮廓曲面

执行 CSec（从断面轮廓线建立曲面）命令，选择构成把手下盖轮廓的 3 条曲线，创建若干断面曲线，可参考图 5-76。

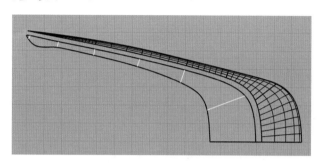

图5-76　创建内轮廓断面线

执行 NetworkSrf（从网线建立曲面）命令，选择所有构成下盖的曲线，生成下盖曲面，如图 5-77 所示。

目前，把手上下盖曲面上的结构线过于密集，可以酌情移除一部分。执行 RemoveKnot（移除节点）命令，对横向的结构线做精简处理。结果可参考图 5-78。

对下盖曲面也做相同操作，结果如图 5-79 所示。

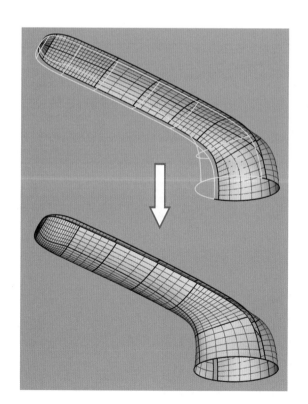

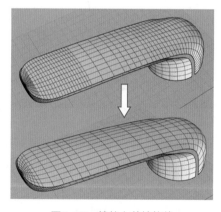

图5-78　精简上盖结构线

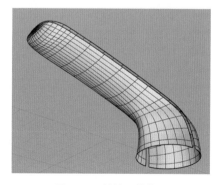

图5-77　创建把手下盖曲面

图5-79　精简下盖曲面

5.4.3 修剪曲面

在 Front 视图中创建一个平面矩形，其范围要大于把手曲面，如图 5-80 所示。

采用修剪工具，用上述矩形平面修剪把手壳体曲面，修剪掉平面背面的壳体曲面，如图 5-81 所示。

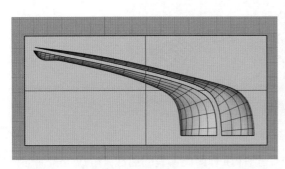
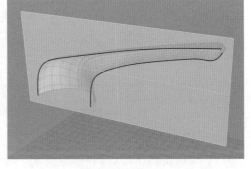

图5-80　创建矩形平面　　　　　　　　　图5-81　修剪把手曲面

执行 Pipe（圆管）命令，选择把手上盖曲面外侧的轮廓曲线作为路径，半径设置为 1.2mm，生成的圆管如图 5-82 所示。

采用分割工具，用上述圆管切割上盖曲面，在其边缘分割出一个宽度均匀的长条曲面。删除或隐藏圆管模型，结果如图 5-83 所示。

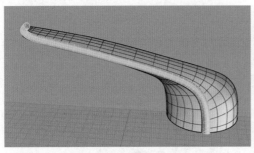
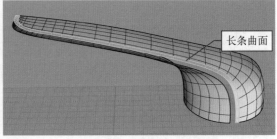

图5-82　创建上盖边缘圆管　　　　　　　图5-83　分割上盖曲面

以此类推，对下盖曲面也做相同的操作，从边缘分割出一个长条状曲面，如图 5-84 所示。

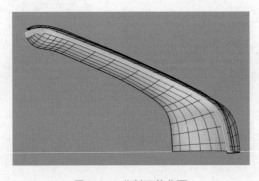

图5-84　分割下盖曲面

将两个曲面上分割开的长条曲面删除，上下盖曲面之间形成一个更宽的空隙，结果如图 5-85 所示。

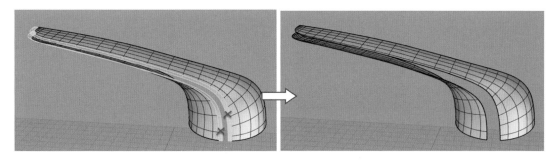

图5-85　删除长条曲面

5.4.4　混接曲面

执行 BlendSrf（混接曲面）命令，对上下盖之间的边缘用混接曲面进行过渡，结果如图 5-86 所示。

采用镜像工具，将右侧的曲面沿 X 轴复制镜像到左侧，如图 5-87 所示。

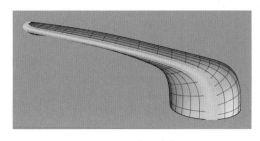

图5-86　创建混接曲面

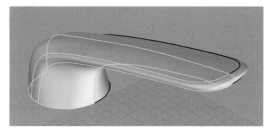

图5-87　复制并镜像把手曲面

执行 Polyline（多重直线）命令，在 Front 视图中，绘制一条折线，转折点左侧为水平，转折点位于球体的半径上，折线的两端要超出把手壳体，如图 5-88 所示。

执行 ExtrudeCrv（直线挤出）命令，单击命令行中的"两侧"选项，将上述折线同时向两侧挤出成面，面的宽度稍大于把手壳体，如图 5-89 所示。

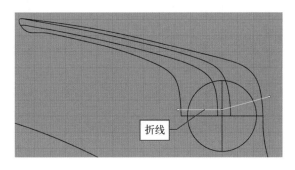

折线

图5-88　绘制折线

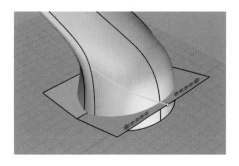

图5-89　直线挤出折线

使用修剪和分割命令，对挤出面和把手壳体做相互修剪，最终得到封闭的把手三维实体，如图 5-90 所示。

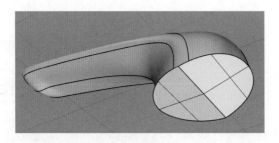

图5-90　把手三维实体

至此，水龙头模型全部完成，水龙头成品模型如图 5-91 所示。

图5-91　水龙头成品模型

扫码下载本章素材文件

第6章
电动剃须刀

本章详细讲解一款电动剃须刀的建模过程，包括后盖、侧盖、面盖、刀头、刀网等部件，涉及的技术环节包括背景图的设置、曲线的绘制、曲线的编辑、曲面的修补和切割等。电动剃须刀的成品材质渲染图如图6-1所示。

图6-1 电动剃须刀成品渲染图

6.1 背景板的创建和设置

本节将导入背景图，并对背景板做相关设置，为后续的模式创建做好准备工作。

6.1.1 背景图的导入

打开配套"资源包 > 第 6 章 > back"文件夹，将 front 背景图文件直接用鼠标拖动到 Front 视图，如图 6-2 所示。

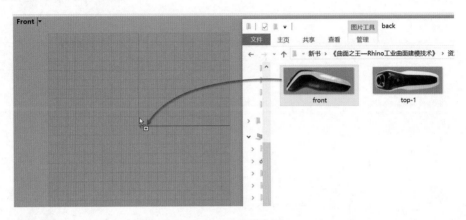

图6-2 拖动背景图

将会弹出"图像选项"对话框，选中"图像"单选按钮，单击"确定"按钮，如图 6-3 所示。

在 Front 视图中，采用对角线方式定义背景图大小，如图 6-4 所示。

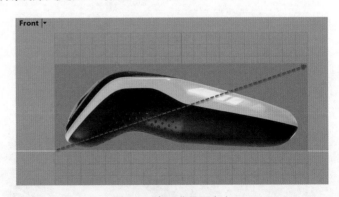

图6-3 "图像选项"对话框　　　　　　图6-4 定义背景图大小

由于剃须刀壳体的长度为 140mm，可以对背景板中的壳体图像做一个比例设置，使背景图达到 1∶1 的比例。

采用直线绘制工具，绘制两条纵向平行线，间距为 140mm。这两条平行线将作为背景图缩放的参考线，如图 6-5 所示。

采用操作轴工具，对背景板做缩放（等比例）和移动，使背景图中剃须刀画面的两端和上述参考线对齐，如图 6-6 所示。

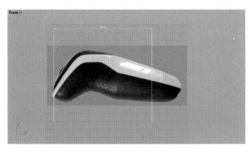

图6-5　绘制平行线

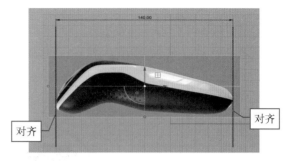

图6-6　对齐背景图

采用相同方法，将背景图 top 导入到 Top 视图，如图 6-7 所示。

采用移动工具，打开"端点"捕捉。移动 Top 背景板，将其左上角与 Front 背景板的左下角对齐，如图 6-8 所示。

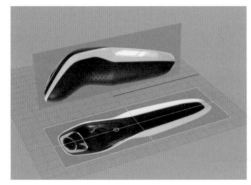

图6-7　导入top背景图

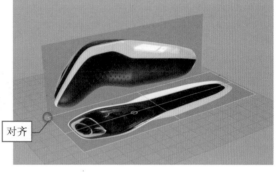

图6-8　对齐背景板

采用缩放工具，将上一步对齐的点作为缩放基准点，缩放 Top 背景板，将其右上角与 Front 背景板的右下角对齐。两个背景板的缩放和对齐设置完成效果如图 6-9 所示。

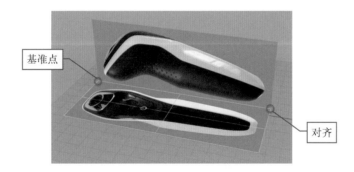

图6-9　缩放并对齐Top背景板

6.1.2　背景板的设置

在"图层"面板中新建一个 back 图层。在视图中同时选中两背景板模型，在"图层"面板中 back 图层上单击鼠标右键，在弹出的快捷菜单中执行"改变物件图层"命令，将背景板移动到该图层，如图 6-10 所示。

选中 Front 背景板模型，打开"材质"面板，在 front（1）材质上单击右键，在弹出的菜单中执行"赋予给物件"命令，将这个材质加载到 Front 背景板上，如图 6-11 所示。

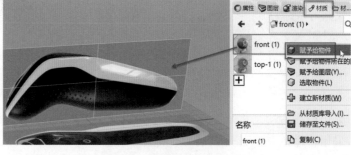

图6-10　设置背景板图层　　　　　　　图6-11　赋予背景板材质

在"材质"面板的 front（1）参数面板，将"物件透明度"设置为 50% 左右，视图中的背景板模型将呈现半透明状态，如图 6-12 所示。

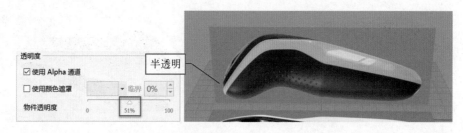

图6-12　背景板的半透明设置

依此类推，对 Top 背景板也做相同的设置。设置背景板透明度是为了降低背景图的色彩饱和度，方便建模时看清曲线和曲面。

将 Top 背景板的中轴线与 X 轴对齐。最后，在"图层"面板中锁定 back 图层，完成背景板设置，如图 6-13 所示。

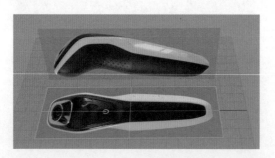

图6-13　设置Top背景板透明度

6.2　背面壳体的创建

电动剃须刀主要由两个部件构成，一个是手柄壳体，一个是刀头。手柄壳体又可以分为背面壳体、侧面壳体、面盖等几个部分，面盖部分又包括由内至外的 4 层壳体。剃须刀壳体各部分具体形状和分布如图 6-14 所示。

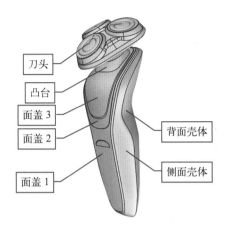

图6-14　剃须刀壳体构成

本节将创建背面壳体模型，主要流程包括曲线绘制、曲线拟合、断面曲线创建和网线成面、曲面优化等。

6.2.1　轮廓曲线的创建

在 Front 视图中，参考背景图，采用控制点曲线工具，绘制背面壳体的上下两条轮廓曲线。两条轮廓线的两端要吸附对齐，如图 6-15 所示。

在 Top 视图，参考背景图，绘制侧面轮廓曲线的一半，如图 6-16 所示。

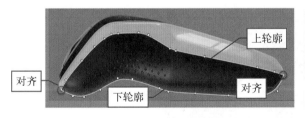

图6-15　绘制轮廓线

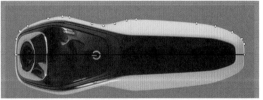

图6-16　绘制侧面轮廓曲线

将上述轮廓曲线沿 X 轴复制并镜像，如图 6-17 所示。

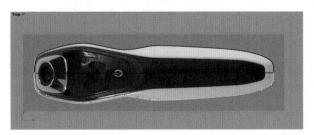

图6-17　复制并镜像轮廓曲线

执行 Match（衔接曲线）命令，对两条轮廓曲线的两端对接处做曲率匹配，"衔接曲线"

对话框设置可参考图 6-18。

执行 Crv2View（从两个视图的曲线）命令，选择上轮廓曲线和侧面轮廓曲线，拟合生成上轮廓的空间曲线，如图 6-19 所示。

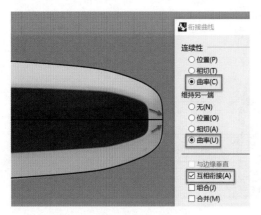
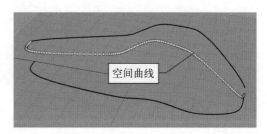

图6-18 匹配轮廓曲线   图6-19 生成上轮廓空间曲线

6.2.2 轮廓曲线的优化

上一小节拟合生成的空间轮廓曲线上控制点过多，不方便编辑，应该进行精简。选择空间轮廓线，执行 RebuildCrvNonUniform（非一致性的重建曲线）命令，将"点数"设置为 20 左右，精简结果如图 6-20 所示。

对上述曲线沿 X 轴做复制镜像。执行 BlendCrv（混接曲线）命令，对缺口处做混接曲线操作，"调整曲线混接"对话框设置如图 6-21 所示。

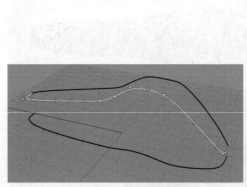
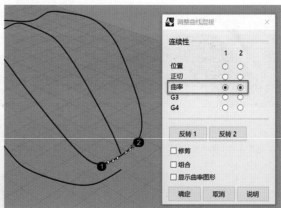

图6-20 精简轮廓曲线   图6-21 镜像并混接轮廓曲线

用下轮廓曲线分割上述混接曲线，将其一分为二，如图 6-22 所示。

执行 Join（组合）命令，将两侧的轮廓曲线分别与分割开的混接曲线结合，形成两条完整的侧面轮廓曲线，如图 6-23 所示。

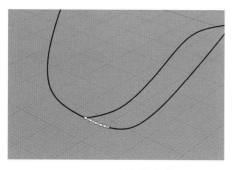

图6-22　分割混接曲线

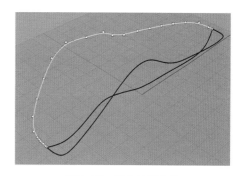

图6-23　组合轮廓曲线

6.2.3　生成背面壳体曲面

到上一小节，构建背面壳体曲面的所有轮廓曲线都创建完成，本小节将创建背面壳体曲面。

执行 CSec（从断面线轮廓建立曲线）命令，依次选择侧面轮廓曲线、下轮廓曲线和另一条侧面轮廓曲线。在 Front 视图中创建几条断面线，可参考图 6-24。

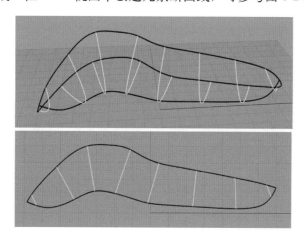

图6-24　创建断面轮廓曲线

全选构成背部壳体的所有曲线，执行 Patch（嵌面）命令，生成背部壳体曲面。在"嵌面曲面选项"对话框中的设置可参考图 6-25。

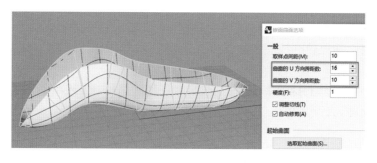

图6-25　生成背部壳体曲面

6.3 侧面壳体的创建

本节将创建电动剃须刀的侧面壳体曲面，包括曲线绘制、优化、拟合、单轨扫掠、混接曲面等操作流程。

6.3.1 轮廓曲线的创建

采用控制点曲线工具，在 Front 和 Top 视图中，参考背景图绘制一条侧面壳体上方轮廓和侧面轮廓平面曲线，如图 6-26 所示。

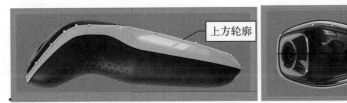

图6-26 绘制两条轮廓曲线

执行 Crv2View（从两个视图的曲线）命令，利用上述侧面轮廓和上方轮廓曲线，拟合生成空间侧面轮廓曲线，如图 6-27 所示。

执行 RebuildCrvNonUniform（非一致性的重建曲线）命令，对上述空间轮廓曲线做优化，点数设置为 20 左右。再沿 X 轴复制镜像上述轮廓曲线，并对两端做曲率匹配（Patch 命令），结果如图 6-28 所示。

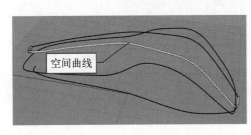
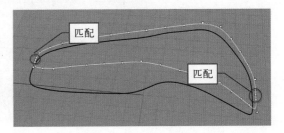

图6-27 生成空间轮廓曲线　　　　　　　图6-28 优化并镜像轮廓曲线

6.3.2 创建折边

采用画圆工具，捕捉轮廓曲线的两个端点，分别绘制两个半径为 2mm 的圆形。再采用直线绘制工具，捕捉轮廓线端点和圆周上的最近点，绘制两条直线。这两条直线就是折边的断面曲线，如图 6-29 所示。

执行 Sweep1（单轨扫掠）命令，使用轮廓曲线作为路径，上述两条直线作为断面曲线，生成的扫掠曲面即为折边曲面，如图 6-30 所示。

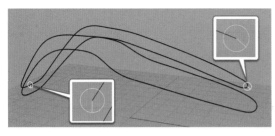
图6-29　绘制圆和直线

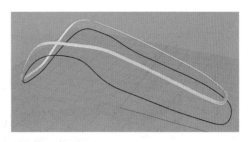
图6-30　创建折边曲面

6.3.3　创建过渡曲面

上一小节创建了折边曲面，本小节将创建折边曲面和背部壳体之间的过渡曲面，完成侧面壳体曲面的创建。

执行显示操作，视图中只保留折边曲面和背部壳体曲面。执行 BlendSrf（混接曲面）命令，分别选择折边曲面和背部壳体的边缘，在"调整曲面混接"对话框中的设置可参考图 6-31。

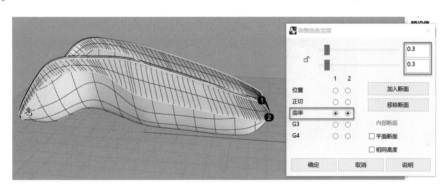
图6-31　生成混接曲面

对生成的过渡曲面执行斑马纹分析，会发现在端面接缝处有瑕疵，两侧的斑马纹出现了错位，说明两侧的曲面并不平顺，如图 6-32 所示。

图6-32　斑马纹有瑕疵

执行 MatchSrf（衔接曲面）命令，先后选中两个面之间的接缝和一侧的曲面，在弹出的"衔接曲面"对话框中的设置如图 6-33 所示。经过曲面的匹配，斑马纹的衔接非常平滑。

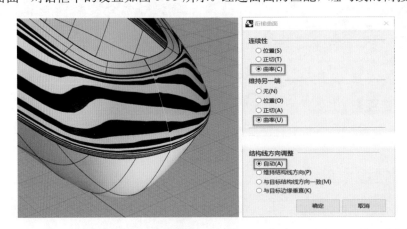

图6-33　匹配曲面

将构成侧面壳体的几个曲面组合为一个整体，关闭所有曲面的结构线显示，背部壳体和侧面壳体曲面创建完成，如图 6-34 所示。

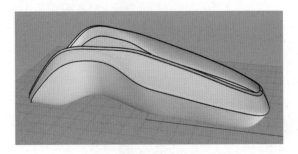

图6-34　背部和侧面壳体

6.4　面盖的创建

本节将创建电动剃须刀的面盖壳体曲面，包括曲线绘制、优化、拟合等操作流程。

电动剃须刀的面板从内到外分为 4 个部分。为了便于区别，对 4 个部分分别命名，如图 6-35 所示。

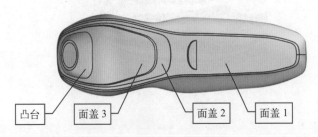

图6-35　面盖构成

图 6-35 中的 4 个部分，凸台是独立曲面，其他 3 个面盖曲面都是从一个整体的曲面

上分割出来的，因此首先创建面盖整体曲面。

6.4.1　面盖整体曲面的创建

在 Front 视图中，参照背景图，采用控制点曲线工具，绘制一条面盖的顶部轮廓曲线，如图 6-36 所示。

执行显示操作，视图中只保留面盖顶部和侧面壳体轮廓曲线，如图 6-37 所示。

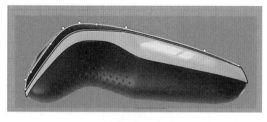

图6-36　绘制面盖顶部轮廓曲线

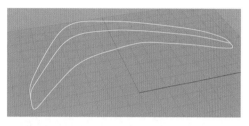

图6-37　显示3条曲线

执行 CSec（从断面线轮廓建立曲线）命令，在上述 3 条曲线之间建立断面曲线，如图 6-38 所示。

选中构成面盖曲面的所有曲线，执行 NetworkSrf（从网线建立曲面）命令，创建面盖曲面，如图 6-39 所示。

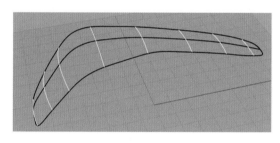

图6-38　创建断面曲线

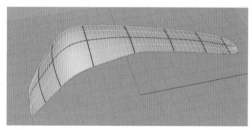

图6-39　生成面盖整体曲面

目前，面盖曲面上的结构线密度过大，可以酌情精简。执行 RemoveKnot（移除节点）命令，按每两排结构线删除一排的规律精简结构线，结果如图 6-40 所示。

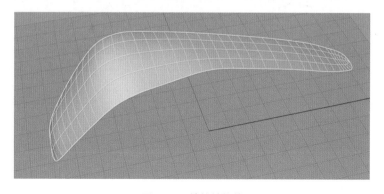

图6-40　精简结构线

6.4.2 面盖分界线的创建

面盖 2 和面盖 3 的分界线都是空间曲线，需要采用拟合法构建，还要采用拉回曲线工具将其投影到面盖整体曲面上。

在 Top 视图中，采用控制点曲线工具，参考背景图绘制两条平面轮廓曲线的二分之一，分别是面盖 2 和面盖 3 的分界线，如图 6-41 所示。

在 Front 视图中，参考背景图，绘制上述两条轮廓线的高度轮廓曲线，如图 6-42 所示。

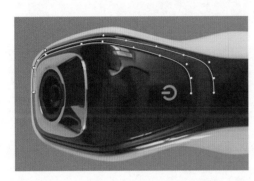

图6-41　绘制轮廓线

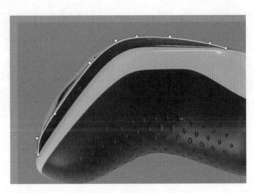

图6-42　绘制高度轮廓

执行 Crv2View（从两个视图的曲线）命令，选择高度轮廓和分界线平面轮廓曲线，拟合生成分界曲线的空间曲线，如图 6-43 所示。

执行 RebuildCrvNonUniform（非一致性的重建曲线）命令，对两条空间曲线进行精简，点数设置为 12，结果如图 6-44 所示。

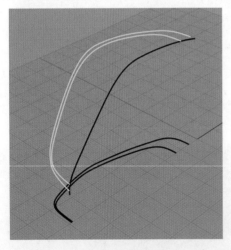

图6-43　拟合生成分界线空间曲线

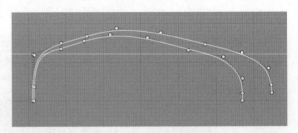

图6-44　精简控制点

将面盖整体曲面显示出来，仔细编辑两条边界曲线，使两条曲线稍微高于面盖曲面，同时保持形态准确（参考背景图），如图 6-45 所示。

对上述两条分界曲线做复制镜像，并对两个端点做曲率匹配，将两组分界曲线分别组合成一个整体，如图 6-46 所示。

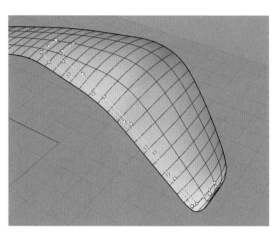

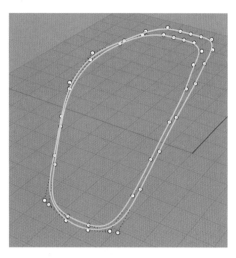

图6-45　编辑边界曲线　　　　　　　　　　　　图6-46　镜像边界曲线

6.4.3　面盖曲面的分割

上一小节，创建了两条空间分界曲线，本小节将使用分界曲线对面盖进行分割。

由于分界曲线是空间曲线，不能直接用于分割面盖，也无法通过垂直投影等方式直接投影到面盖曲面上，需要采用一种较为特殊的拉回曲线工具来实现投影。

执行 Pull（拉回曲线）命令，先选择两条分界曲线，再选择面盖整体曲面。拉回投影的结果如图 6-47 所示。

执行 Split（分割）命令，用拉回到面盖曲面上的两条曲线分割该曲面，将面盖整体曲面分割为从内到外的 3 层，分别为面盖 1、面盖 2 和面盖 3，如图 6-48 所示。

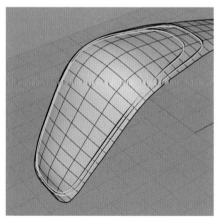

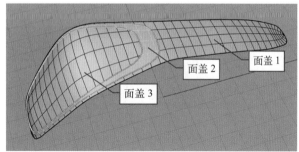

图6-47　拉回曲线　　　　　　　　　　　　图6-48　将面盖分割为3层

6.4.4　创建过渡曲面

上一小节完成了对面盖的分割，形成了 3 层面盖曲面，本小节将创建面盖曲面之间的过渡曲面。

采用移动、放缩、旋转等工具，编辑面盖 3 和面盖 2 曲面，使 3 层曲面之间形成空隙，可参考图 6-49。

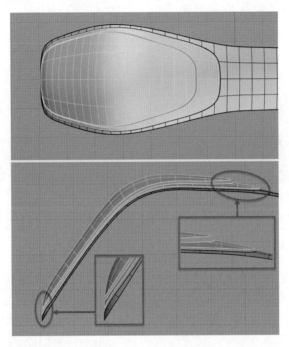

图6-49　编辑面盖曲面

采用混接曲面工具，分两次操作，生成面盖 3 和面盖 2 之间的过渡曲面，以及面盖 2 和面盖 1 之间的过渡曲面，结果如图 6-50 所示。

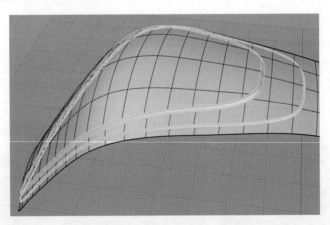

图6-50　生成面盖之间的过渡曲面

6.4.5　创建防滑凹槽

面盖 1 曲面上设计有一处半圆形凹槽，其目的是增加大拇指握持时的摩擦力，这是一个重要的细节，如图 6-51 所示。

在 Top 视图中，采用控制曲线工具，参照背景图，绘制两条曲线作为凹槽的轮廓曲线——左侧为外轮廓曲线，右侧为内轮廓曲线。两条曲线的端点处要留有空隙，如图 6-52 所示。

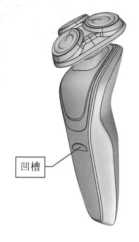

图6-51　半圆形凹槽

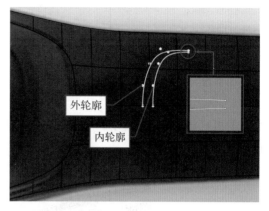

图6-52　绘制凹槽轮廓曲线

对上述两条轮廓曲线做镜像复制、匹配曲率和组合操作，成为两条半圆形轮廓，如图 6-53 所示。

采用直线绘制工具，捕捉外轮廓曲线的两个端点绘制一条直线，形成一个封闭的半圆形。用这个半圆形分割面盖 1 曲面，删除内部的曲面，形成一个半圆形的空洞，如图 6-54 所示。

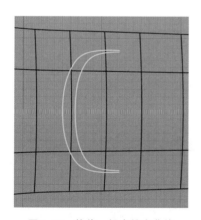

图6-53　镜像、组合轮廓曲线

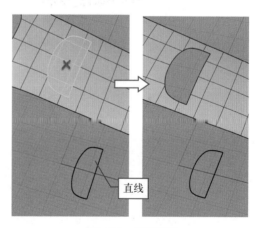

图6-54　切割面盖

采用控制点曲线工具，在缺口内部绘制一条稍向曲面内部弯曲的曲线。再使用 Sweep1（单轨扫掠）工具，以上述曲线为轨道，以缺口断面为断面曲线，生成一个向内弯曲的曲面，如图 6-55 所示。

在上述内弯曲面和面盖曲面之间做斑马纹分析，可以看到斑马纹严重错位，两个曲面曲率连续性不佳，如图 6-56 所示。

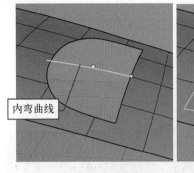
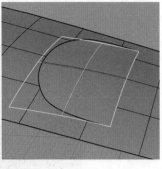

图6-55　创建内弯曲面

图6-56　斑马纹断头严重

使用 MatchSrf（衔接曲面）工具，先选择两个曲面的接缝，再单击内弯曲面，在"衔接曲面"对话框中的设置如图 6-57 所示。经过曲面的曲率匹配，斑马纹变得非常平顺，曲面得以光滑连接。

图6-57　曲面的曲率匹配设置

用内轮廓曲线切割内弯曲面，并删除外侧曲面，形成一个月牙形空洞，如图 6-58 所示。

最后，用混接曲面工具填补月牙形空洞，将两侧的曲面光滑过渡连接起来，凹槽结构创建完成，如图 6-59 所示。

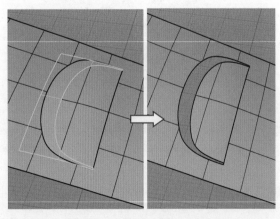

图6-58　修剪形成月牙形空洞

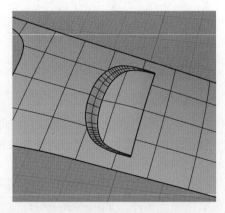

图6-59　凹槽完成

6.5　凸台的创建

本节将创建手柄上的最后一个部件——凸台。凸台是一个承上启下的部件，其一端连接刀头，另一端与面盖 3 曲面对接。其整体外形是一个台体，上方呈圆形，下方是一个由 8 段圆弧构成的等腰梯形，如图 6-60 所示。

图6-60　凸台

6.5.1　创建轮廓曲线

隐藏所有物件，打开背景图。采用直线绘制工具，在 Top 视图和 Front 视图中，参照背景图中的凸台轮廓，绘制凸台轮廓一半的直角梯形。其直角腰的长度与 Front 视图中凸台的高度保持一致，因此绘制出来的直角梯形是倾斜的，如图 6-61 所示。

由于上述直角梯形处于倾斜位置，为了方便后续的编辑，可以把工作（坐标）平面旋转到与直角梯形平行。

执行 CPlane（设置工作平面）命令，键盘输入 P（以三点设置工作平面）。在直角梯形的 4 个顶点上任意选择 3 个顶点，即可把工作平面与直角梯形转动重合，如图 6-62 所示。

删除直角腰，对另外 3 条边沿 X 轴做镜像处理，形成一个等腰梯形，如图 6-63 所示。

采用内插点绘制工具，在等腰梯形范围内绘制 4 条轮廓曲线，如图 6-64 所示。

执行 Fillet（曲线圆角）命令，在上述 4 条曲线

图6-61　绘制一半的凸台轮廓

之间做倒圆角处理，生成一个 8 段圆弧构成的等腰梯形，如图 6-65 所示。最后，将 8 段圆弧组合为一个整体。

绘制一个圆形，作为凸台的上端面轮廓，其圆心与梯形中线对齐。再将圆形向外侧垂直移动一段距离，如图 6-66 所示。

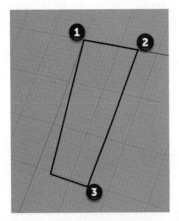

图6-62　设置工作平面角度

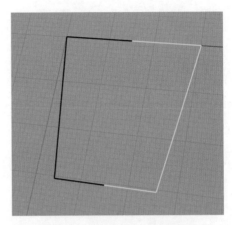

图6-63　镜像复制形成等腰梯形

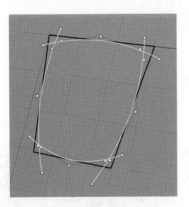

图6-64　绘制4条轮廓曲线

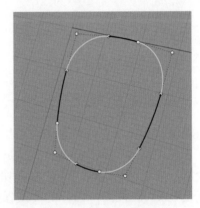

图6-65　生成等腰8段弧

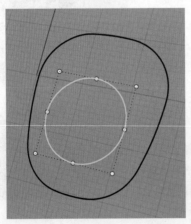

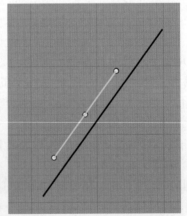

图6-66　绘制圆形

6.5.2　切割面盖

本小节将用上一小节创建的凸台轮廓曲线切割面盖3曲面，并做相应编辑处理。

　　显示面盖 3 曲面，执行 Pull（拉回曲线）命令，先后选择凸台轮廓曲线和面盖 3 曲面，将凸台轮廓曲线拉回投射到面盖 3 曲面上，如图 6-67 所示。

　　用拉回投影到面盖 3 上的曲线分割该曲面，删除轮廓线内部的曲面，留下一个空洞，如图 6-68 所示。

图6-67　拉回轮廓曲线

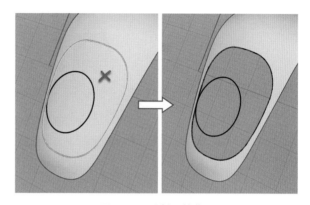

图6-68　分割面盖曲面

6.5.3　生成凸台

　　执行 ExtrudeCrv（直线挤出）命令，选择面盖上的开孔边缘，向面盖内部挤压，高度为 2，形成一个环形面，如图 6-69 所示。

　　执行 PlanarSrf（以平面曲线建立曲面）命令，选择圆形，在其内部填充一个圆形平面，如图 6-70 所示。

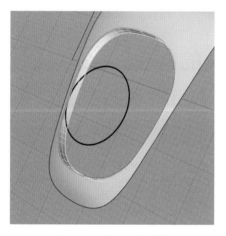

图6-69　挤压开孔边缘

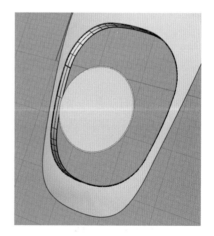

图6-70　填充圆形

　　采用混接曲面工具，在圆形平面和环形曲面之间生成过渡曲面，"调整曲面混接"对话框中的设置可参考图 6-71。

　　剃须刀手柄部分曲面全部创建完毕，如图 6-72 所示。

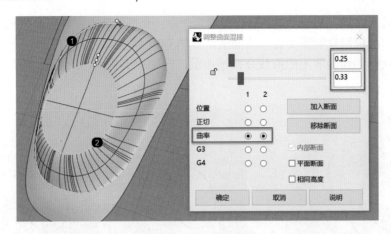

图6-71 创建混接曲面

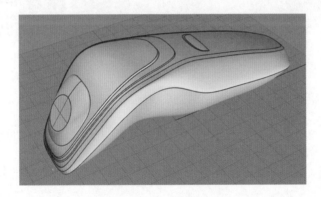

图6-72 手柄曲面

6.6 刀头底壳的创建

电动剃须刀的刀头是一个独立的部件，其外形大体是一个带有圆角的等边三角形，由底壳、圆台、上盖、刀网壳体和刀网等部件构成，具体结构如图所示。本节将创建底壳和圆台。

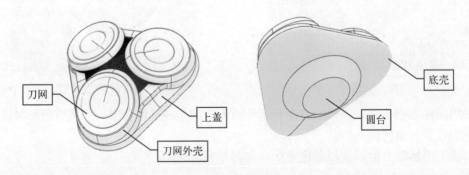

图6-73 刀头的构成

6.6.1　创建轮廓曲线

刀头的俯视轮廓为等边三角形分布的 3 个圆形，其内部的等边三角形边长为 30mm，圆形的半径为 15mm。根据这个参数可以绘制出外壳的轮廓曲线。

执行 Polygon（多边形）命令，在命令行将边数设置为 3，单击"边"选项，在 Top 视图中以 X 轴为对称轴，绘制一个边长为 30mm 的等边三角形，如图 6-74 所示。

以上述等边三角形的 3 个顶点为圆心，绘制 3 个半径为 15mm 的圆形，如图 6-75 所示。将等边三角形暂时隐藏。

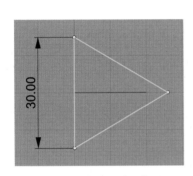

图6-74　创建等边三角形

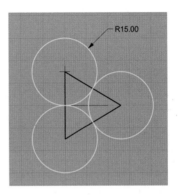

图6-75　创建3个圆形

接下来要绘制 3 个圆之间的切线。执行 Line（直线）命令，在命令行单击"与曲线正切"选项，如图 6-76 所示。

指令: Line
直线起点 (两侧(B) 　曲线垂直(P) | 与曲线正切(T) | 延伸(X))：与曲线正切

图6-76　曲线正切设置

捕捉一个圆周上的切点，绘制 3 个圆之间的切线，结果如图 6-77 所示。

使用修剪工具，用 3 条切线修剪 3 个圆，得到一个圆角等边三角形，这个三角形就是刀头的轮廓曲线，如图 6-78 所示。

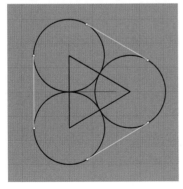

图6-77　创建切线

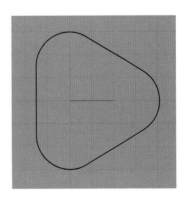

图6-78　修剪生成等边圆角三角形

将构成刀头轮廓的曲线全部选中，执行 Join（组合）命令，将这些曲线组合成一个整体。

6.6.2　创建轮廓曲面

将上一小节创建的刀头轮廓曲线复制两个，一个向上移动 3mm，一个向下移动 2mm，如图 6-79 所示。为了便于区别，将原轮廓曲线、上方和下方曲线分别命名为 1、2 和 3 号曲线。

执行 Offset（曲线偏移）命令，将上方的轮廓线（2 号）向内偏移 0.5mm，下方的轮廓线（3 号）向内偏移 1mm，如图 6-80 所示。

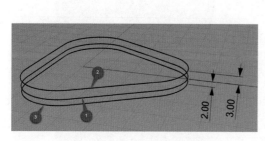

图6-79　复制并移动轮廓曲线

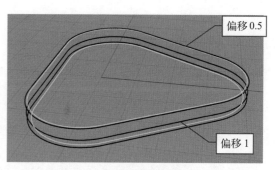

图6-80　偏移轮廓曲线

将 2 号和 3 号轮廓线删除，只保留两条偏移轮廓曲线和位于中间位置的 1 号轮廓曲线。

执行 Loft（放样）命令，按照从上到下的顺序选择 3 条轮廓曲线，放样生成侧面轮廓曲面，如图 6-81 所示。

用 1 号轮廓曲线分割侧面轮廓曲线，将其一分为二，如图 6-82 所示。

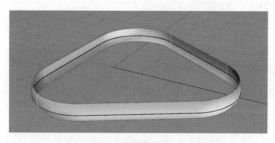

图6-81　生成侧面轮廓曲面

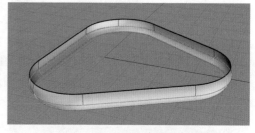

图6-82　分割侧面轮廓曲面

6.6.3　创建背面壳体曲面

将图 6-74 中创建的等边三角形显示出来，以该三角形的中心点为圆心，创建两个圆，半径分别为 17.5mm 和 10.5mm，如图 6-83 所示。

采用移动工具，将上述两个圆形分别向 Z 轴负方向移动。半径 10.5mm 的圆移动到轮廓曲面正下方 10mm 位置，半径 17.5mm 的圆移动到轮廓曲面正下方 5mm 位置，如图 6-84 所示。

将两个圆形同时选中，执行 PlanarSrf（以平面曲线建立曲面）命令，两个圆形内部都填充为平面，如图 6-85 所示。

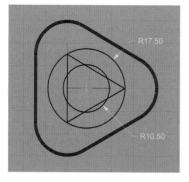

图6-83 创建两个圆形

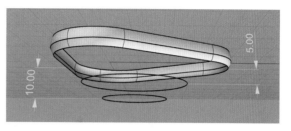

图6-84 移动两个圆形

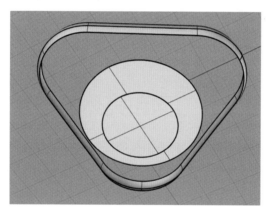

图6-85 创建两个圆形平面

执行 BlendSrf（混接曲面）命令，在 17.5mm 圆形平面和侧面轮廓曲面之间生成过渡曲面，在"调整曲面混接"对话框中的设置如图 6-86 所示。

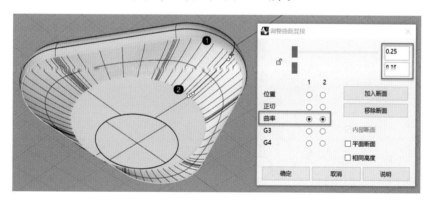

图6-86 生成过渡曲面

执行 Loft（放样）命令，在两个圆形平面的边缘之间放样，生成圆台侧面曲面，如图 6-87 所示。

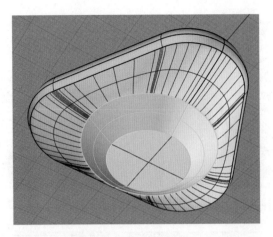

图6-87　生成圆台侧面

刀头底壳和圆台创建完成。

6.7　刀网和壳体的创建

本节将创建刀网和外壳的模型，其中上盖曲面和刀网外壳虽然是两个单独的曲面，但是在创建的时候是一体成形，然后再分割开形成的。上盖部分的具体构成如图6-88所示。

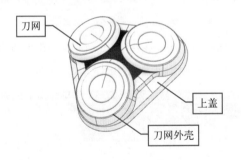

图6-88　上盖部分曲面构成

6.7.1　创建轮廓曲线

视图中只显示底部壳体曲面，将其他曲面和曲线全部隐藏。

在 Front 视图中，以背部壳体右上角为基准点，采用直线绘制工具，绘制一条位于 XZ 坐标平面的倾斜直线，其相对于基准点的具体尺寸如图 6-89 所示。这条直线就是刀网外壳的外轮廓线。

采用控制点绘制工具，在上述外轮廓曲线和底部壳体之间绘制一条弧形曲线，如图 6-90 所示。这条弧线即为刀网外壳的侧面轮廓曲线。

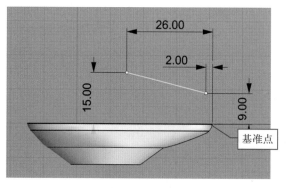

图6-89　绘制刀网外壳轮廓线　　　　　　　　图6-90　绘制弧线

采用直线绘制工具，绘制一条轮廓线的中垂线，如图 6-91 所示。这条中垂线的作用是镜像轮廓曲线的镜像轴。

执行Mirror（镜像）命令，选择右侧的弧形轮廓曲线，以上一步绘制的中垂线为镜像轴，从刀网外壳轮廓线到左侧生成一条镜像轮廓曲线，如图 6-92 所示。

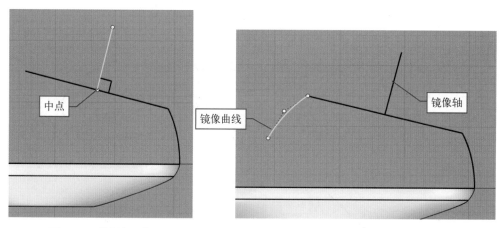

图6-91　绘制中垂线　　　　　　　　　图6-92　镜像侧面轮廓曲线

执行ExtendDynamic（延伸曲线）命令，选择上述镜像曲线的下方端点，向下方延伸曲线，直到背部壳体的上端面，如图 6-93 所示。

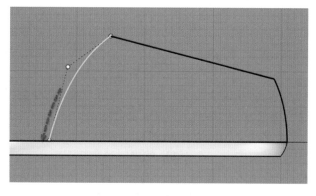

图6-93　延伸轮廓曲线

　　将图 6-74 中绘制的等边三角形显示出来，使用画圆工具，以三角形右侧的顶点为圆心，顶点和轮廓曲线之间的距离为半径绘制一个圆形。再用两点画圆工具，捕捉刀网外轮廓线，绘制一个圆形，如图 6-94 所示。

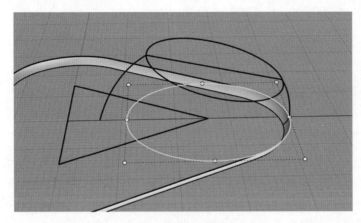

图6-94　绘制两个圆形

　　选中上述圆形左侧的 3 个控制点，向左侧移动，将中间的控制点与轮廓曲线的端点捕捉吸附在一起，正圆形被拉长成鸡蛋形，如图 6-95 所示。

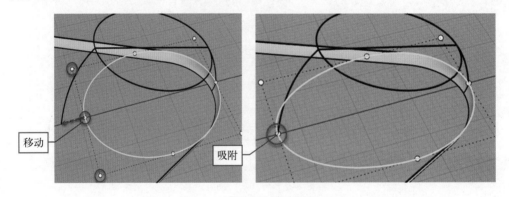

图6-95　拉长圆形

6.7.2　创建刀网外壳

　　执行 Sweep2（双轨扫掠）命令，使用两个圆形作为路径，两侧的弧形轮廓曲线作为断面曲线。在"双轨扫掠选项"对话框中，勾选"封闭扫掠"选项，扫掠生成刀网壳体曲面，如图 6-96 所示。

　　执行 PlanarSrf（以平面曲线建立曲面）命令，选择刀网壳体上方的圆形开孔，生成圆形平面盖子，如图 6-97 所示。

　　在上述圆形盖子上绘制一个半径为 10mm 的圆形，将其移动到距离坡顶 1.5mm 的位置。用这个圆修剪圆形盖子，中间留下一个空洞，如图 6-98 所示。

　　将构成刀网壳体的曲面选中，执行 Join（组合）命令，将其组合成一个整体。再执行 FilletEdge（边缘圆角）命令，对两个曲面做倒圆角处理，圆角半径为 1mm，结果如图 6-99 所示。

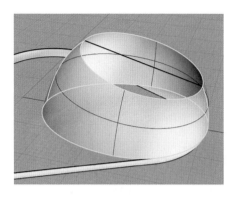

图6-96　扫掠生成刀网壳体

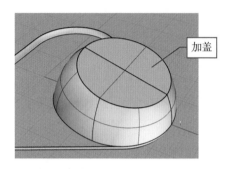

图6-97　生成圆形盖子

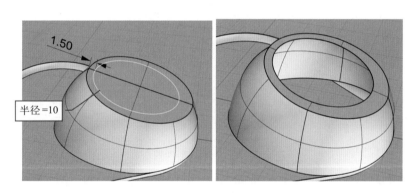

图6-98　创建圆形空洞

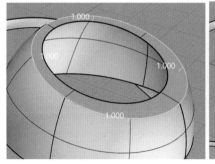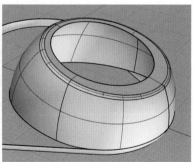

图6-99　倒圆角处理

6.7.3　创建刀网

刀网模型是一个回转体曲面，可采用旋转成形工具创建。

首先绘制回转体轮廓的一半。采用控制点画线工具，在 Front 视图的空白处绘制两条曲线。左侧为一条宽度为 4mm 的圆角加直线，右侧为一条宽度为 6mm 的半圆弧，总宽度为 10mm。两条曲线的端点务必吸附到一起，如图 6-100 所示。

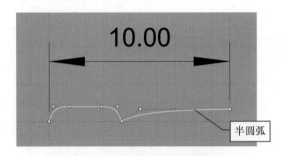

图6-100　绘制刀网轮廓曲线

全选上述两条轮廓曲线，执行 Join（组合）命令，将其组合为一个整体。

选择上述轮廓曲线，执行 Revolve（旋转成形）命令，以轮廓线右侧端点的垂线为旋转轴，旋转角度为 360°，生成回转体刀网曲面，如图 6-101 所示。

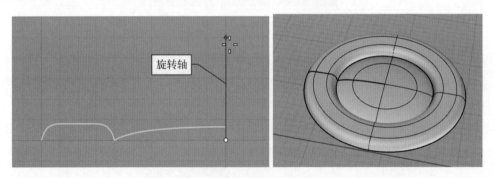

图6-101　创建刀网曲面

采用移动工具，捕捉刀网曲面左侧的四分点，将其移动吸附到刀网壳体空洞左侧的四分点上，如图 6-102 所示。

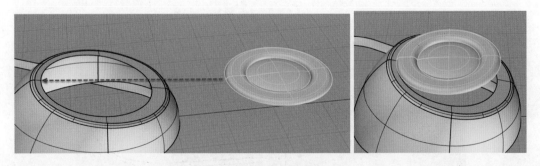

图6-102　移动刀网曲面

采用旋转工具，以刀网曲面和壳体之间的接合点为旋转中心点，刀网曲面右侧的四分点为参考点，将其转动到刀网壳体右侧的四分点（目标点）上，如图 6-103 所示。

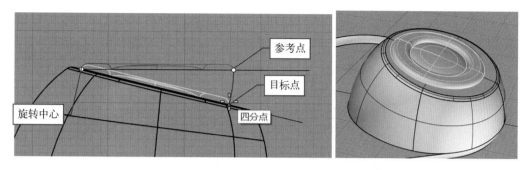

图6-103　旋转刀网曲面

阵列刀网和壳体。显示图 6-74 中绘制的等边三角形。将刀网和外壳曲面同时选中，执行 ArrayPolar（环形阵列）命令，以等边三角形的中心点为阵列中心点，阵列数量为 3，总和角度为 360°。阵列结果如图 6-104 所示。

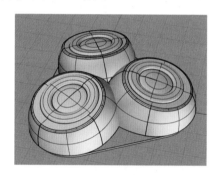

图6-104　阵列刀网

6.8　刀头上盖的创建

本节将创建刀头上盖壳体，上盖连接刀网壳体，同时封闭刀头的边缘。上盖壳体的外形和位置如图 6-105 所示。

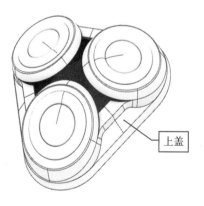

图6-105　上盖壳体

6.8.1 创建轮廓曲线

使用显示设置工具，对物件做显示设置，场景中只保留背部壳体的轮廓曲面和上盖的轮廓曲线，如图 6-106 所示。

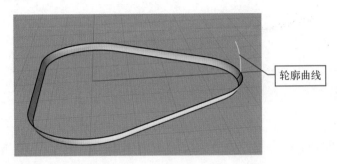

图6-106 显示两个物件

采用直线绘制工具，绘制一条与轮廓曲线相交、距离背部壳体 3mm 的直线。再用这条直线修剪轮廓曲线，只保留下半部分，如图 6-107 所示。

在 Front 视图中，采用直线绘制工具连接被修剪的轮廓曲线，绘制 3 条首尾相连的直线，相邻的端点都要吸附在一起。直线的尺寸和相对位置如图 6-108 所示。

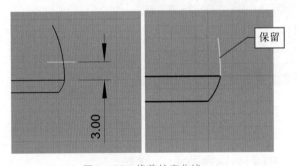

图6-107 修剪轮廓曲线

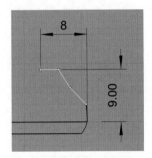

图6-108 绘制3条直线

执行 Join（组合）命令，将上述几条曲线组合成一个整体，成为上盖壳体的轮廓曲线，如图 6-109 所示。上盖壳体的曲面效果如图 6-110 所示。

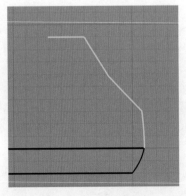

图6-109 上盖轮廓曲线

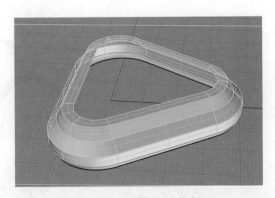

图6-110 生成上盖壳体曲面

6.8.2　曲面的修剪

上盖壳体曲面创建完成，本小节将在几个壳体曲面之间做修剪、切割操作，最终完成刀头部分的创建。

将 3 个刀网壳体曲面显示出来，如图 6-111 所示。

执行 Split（分割）命令，用 3 个刀网壳体曲面分割上盖曲面，将壳体内部被分割开的曲面删除，结果如图 6-112 所示。

采用直线绘制工具，在 Front 视图中绘制一条倾斜的直线，直线的两端要超出右侧的刀网壳体曲面，直线中间部分还需要和上盖与刀网壳体的交点吸附对齐，如图 6-113 所示。

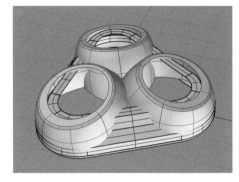

图6-111　显示刀网壳体曲面

执行 ExtrudeCrv（直线挤出）命令，把上述倾斜直线沿 Y 轴正方向挤出成平面，平面的两端要稍超出刀网壳体曲面，如图 6-114 所示。

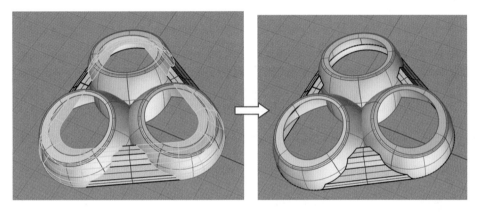

图6-112　分割上盖曲面

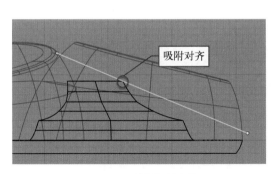

图6-113　绘制倾斜直线

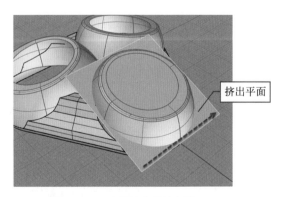

图6-114　直线挤出倾斜直线

执行 Split（分割）命令，用上述挤出平面和两侧的上盖壳体分割刀网外壳曲面，将被分割出来的上盖壳体以内的曲面删除，如图 6-115 所示。

参考图 6-104 中的方法，将倾斜平面做环形阵列，结果如图 6-116 所示。

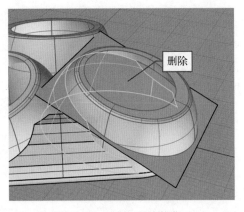

图6-115　分割刀网壳体曲面

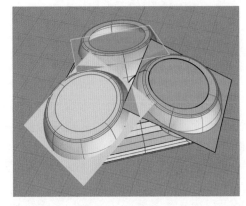

图6-116　阵列平面

采用与图 6-115 相同的方法切割另外两个刀网壳体，并删除倾斜平面，结果如图 6-117 所示。

将构成刀头的所有曲面都显示出来，如图 6-118 所示。

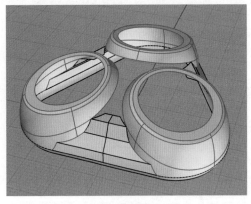

图6-117　刀网壳体修剪结果

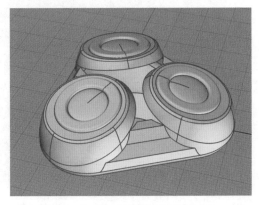

图6-118　显示所有刀头曲面

最后，采用移动和选择工具编辑刀头的位置和角度，与手柄装配对接，完成剃须刀模型的创建，如图 6-119 所示。

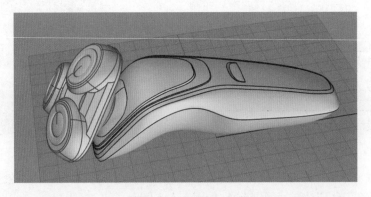

图6-119　装配刀头

扫码下载本章素材文件

第7章
对讲机

本章详细讲解一款对讲机的建模过程。这款对讲机的造型是非常经典的手雷形状，由于其改变了传统对讲机千篇一律的长方体造型，一经发布就风靡全球。各大厂商竞相模仿，手雷对讲机造型几乎统治了一个时代。

手雷对讲机的成品材质渲染图如图7-1所示。

手雷对讲机的主要构成部件包括机身壳体、面盖、按钮、显示屏、天线和音量旋钮等。各部件具体位置和形状如图7-2所示。

图7-1　手雷对讲机成品渲染图

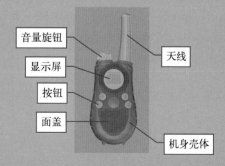

图7-2　对讲机构成

7.1 背景板的创建和设置

本节将导入背景图，并对背景板做相关设置，为后续的模型创建做好准备工作。

7.1.1 背景图的导入

新建 Rhino 场景，在"打开模板文件"对话框中选择"小模型 - 毫米"作为本案例的模板，如图 7-3 所示。

打开配套"资源包 > 第 7 章 手雷对讲机"文件夹，找到其中的 Walkie-talkie.jpg 图像文件，这是一张手绘的设计图。将其直接拖动到 Front 视图中，作为背景板，如图 7-4 所示。

图7-3 选择模板

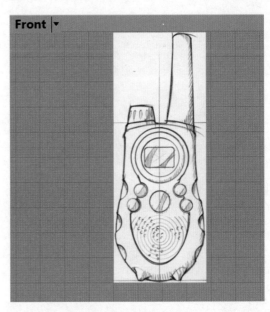

图7-4 创建背景板

7.1.2 背景板的比例设置

目前虽然导入了背景板，但是并没有设置其准确尺寸。由于对讲机的真实高度为 163mm，因此需要用比例缩放工具设置其精确尺寸。

采用直线绘制工具，在背景图中对讲机天线的顶端和壳体底部外轮廓位置各绘制一条水平直线，作为画面边界参考线。再绘制一条长度为 163mm 的垂直线段，如图 7-5 所示。

将背景板和两条水平参考线同时选中，采用缩放工具，将参考线之间的高度等比例缩放到 163mm，如图 7-6 所示。

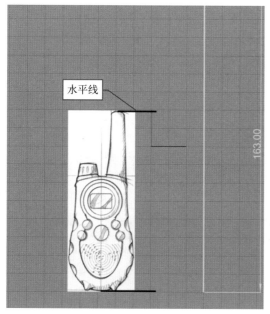

图7-5　绘制3条直线

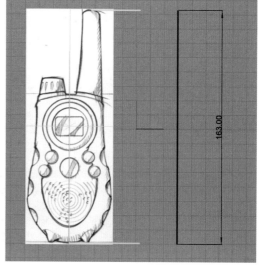

图7-6　缩放背景板大小

7.1.3　背景板的透明度设置

选中背景板，在"材质"面板中，将其"物件透明度"设置为50%左右，如图 7-7 所示。

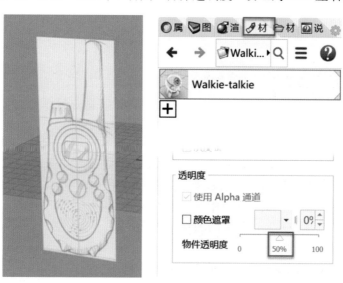

图7-7　设置背景板透明度

采用移动工具移动背景板，将其纵向中线与 Z 轴重合，如图 7-8 所示。

在"图层"面板中创建一个新图层，命名为 back，将背景板设置为该图层，单击锁头按钮，将该图层锁定，如图 7-9 所示。

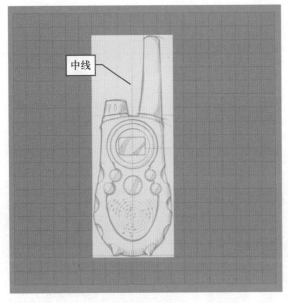

图7-8　移动背景板

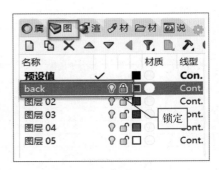

图7-9　背景板的图层设置

7.2　机身轮廓曲线的创建

本节将创建对讲机机身壳体的轮廓曲线，为后续的模式创建做好准备工作。

7.2.1　绘制参考线

由于对讲机的主要部件都是对称形状或者对称分布的，因此其中轴线的确定非常关键，中轴线是很多曲线和物件位置分布的基准。在开始建模之前，首先要把中轴线确定下来。

使用直线绘制工具，在 Front 视图中，沿 Z 轴绘制一条纵向的直线，其两端要超出背景板，如图 7-10 所示。

选择上述直线，在"图层"面板中，将其"线型"设置为 DashDot（点画线）。这条纵向的点画线就是模型的中轴线，如图 7-11 所示。

执行 Line（直线）命令，在命令行单击"两侧"按钮，以上述中轴线和背景图底部边界线的交点为中点，绘制一条水平直线，如图 7-12 所示。

将上述水平直线的"线型"也设置为 DashDot（点画线），该水平线作为模型的底部基准线。

将上述两条直线同时选中，在"图层"面板 back 图层上单击右键，在弹出的菜单中执行"改变物件图层"

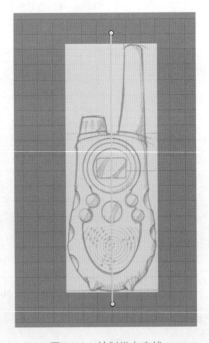

图7-10　绘制纵向直线

命令，将两条参考线放置到 back 图层，如图 7-13 所示。当前 back 层处于锁定状态。

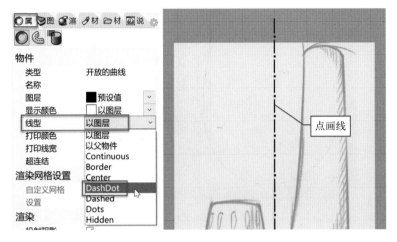

图7-11　设置线型

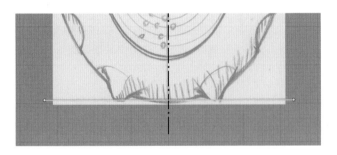

图7-12　绘制水平直线

图7-13　设置参考线图层

7.2.2　绘制壳体轮廓曲线

采用控制点曲线工具，在 Front 视图，参考背景图，绘制壳体轮廓曲线的一半，如图 7-14 所示。

将上述轮廓曲线沿中轴线做镜像复制，再做两侧曲线的曲率匹配，在"衔接曲线"对话框中的设置如图 7-15 所示。由此得到一条完整的轮廓曲线。

采用控制点画线工具，在 Front 视图中，参考背景图，绘制二分之一对讲机壳体上边缘轮廓曲线，如图 7-16 所示。

对上述轮廓曲线沿中轴线做复制镜像，再做曲率匹配，结果如图 7-17 所示。

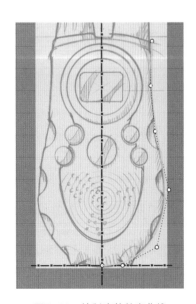

图7-14　绘制壳体轮廓曲线

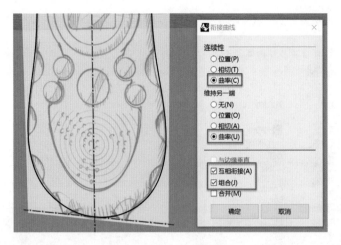

图7-15 镜像并匹配曲率

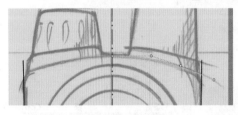

图7-16 绘制上边缘轮廓曲线

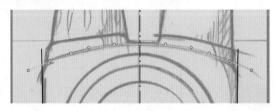

图7-17 镜像并匹配轮廓曲线

7.2.3 轮廓曲线的修剪与合并

同时选中两条轮廓曲线，执行 Trim（修剪）命令，对两条轮廓曲线做相互修剪，将图 7-18 中红色箭头所指的线头修剪掉，得到完整的正面轮廓曲线。

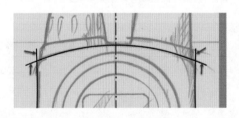

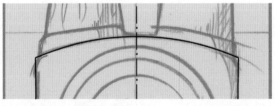

图7-18 修剪轮廓曲线

全选所有轮廓曲线，执行 Join（组合）命令，将轮廓曲线组合为一个整体。

7.2.4 创建壳体俯视轮廓曲线

目前，机身壳体的正面轮廓曲线创建完成，本小节将创建俯视方向的轮廓曲线。

在 Front 视图，采用控制点曲线工具，捕捉底部参考线的两个端点和参考线的交点（红圈处）绘制一条 3 个控制点的线条。再将该曲线向下移动到背景板下方，如图 7-19 所示，该曲线即为俯视轮廓曲线之一。

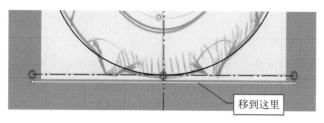

图7-19　绘制一条控制点曲线

将上述控制点曲线复制 3 个，并向上方移动，4 条曲线的分布如图 7-20 所示。4 号曲线的位置要稍高于正面轮廓曲线。

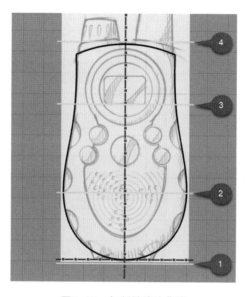

图7-20　复制并移动曲线

按住 Shift 键，同时选中上述 4 条曲线中的 2 号和 3 号曲线，采用移动工具，将两条曲线中间的控制点（红圈处）沿 Y 轴负方向移动 4mm，两条曲线向外弯曲约 2mm，如图 7-21 所示。

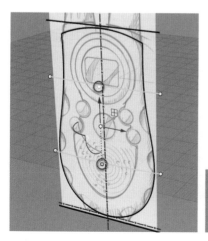
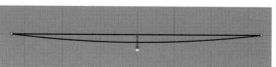

图7-21　移动控制点

7.3　机身壳体的创建

上一节完成了对讲机机身壳体轮廓曲线的创建，本节将创建壳体曲面，主要操作流程包括放样、修剪、镜像、扫掠曲面、倒圆角等。

7.3.1　创建正面曲面

执行 Loft（放样）命令，按照图 7-20 中的编号顺序选择 4 条轮廓曲线，放样生成正面曲面，如图 7-22 所示。

采用分割工具，用机身壳体侧面轮廓曲线分割正面曲面，将轮廓线以外的曲面删除，结果如图 7-23 所示。

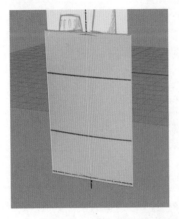
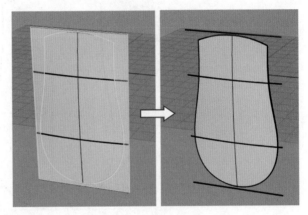

图7-22　生成正面曲面　　　　　　　　图7-23　修剪曲面

7.3.2　镜像曲面

对讲机正面和背面的曲面是完全一样的，因此可以通过复制镜像，将正面曲面复制到背面。

首先设定正面和背面之间的间距。使用直线绘制工具，捕捉正面曲面的右上角，沿 Y 轴正方向绘制一条直线，长度为 29mm，如图 7-24 所示。该直线即为正面和背面之间的间距。

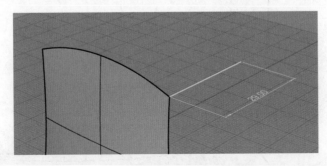

图7-24　绘制直线

选择正面曲面，执行 Mirror（镜像）命令，以过上述直线中点且平行于 X 轴的虚拟直线为镜像轴，将正面曲面镜像复制到背面，如图 7-25 所示。

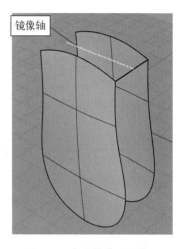

7.3.3　生成三维实体

本小节将通过放样生成正面和背面曲面的连接曲面，形成壳体的三维实体。

执行 Loft（放样）命令，选择正面和背面曲面的上方轮廓，放样生成壳体上端面，如图 7-26 所示。

以此类推，采用相同操作生成壳体的侧面轮廓曲面，如图 7-27 所示。

选择构成壳体的所有曲面，执行 Join（组合）命令，将这些曲面结合成一个完整的三维实体。

图7-25　复制镜像正面曲面

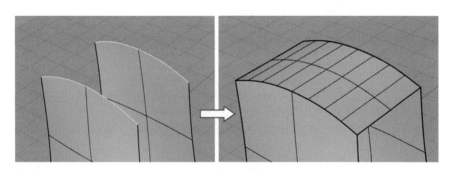

图7-26　生成壳体上端面

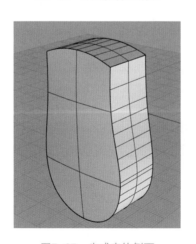

图7-27　生成壳体侧面

7.3.4　创建侧面边缘过渡曲面

本小节将创建对讲机壳体的边缘过渡曲面。

执行 FilletEdge（边缘圆角）命令，选择侧面轮廓面的两条边缘，将圆角半径设置为

14，生成的边缘圆角如图 7-28 所示。

目前，虽然已经生成了壳体边缘的过渡圆角，但是这里的圆角过渡曲面并非高阶曲面，过渡效果不是最好的，因此可以对其做进一步的改进、优化。

选中壳体曲面，执行 Explode（炸开）命令，三维实体模型分解成独立的曲面。删除两个边缘圆角曲面，如图 7-29 所示。

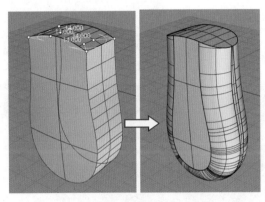

图7-28　创建边缘圆角

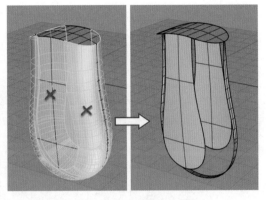

图7-29　删除边缘圆角曲面

执行 BlendSrf（混接曲面）命令，在侧面轮廓曲面和正面曲面之间创建混接曲面，在混接曲面（红圈处）上插入几个断面改善结构线形态，如图 7-30 所示。

以此类推，在背面和侧面轮廓曲面之间也创建过渡曲面，如图 7-31 所示。

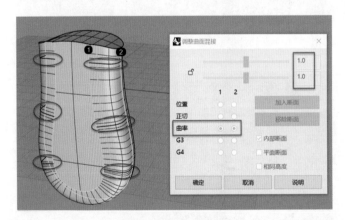

图7-30　创建混接曲面

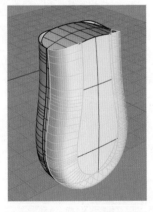

图7-31　创建背面混接曲面

7.3.5　创建顶部边缘过渡曲面

执行 Untrim（取消修剪）命令，单击壳体上方轮廓曲面的 4 个圆角，恢复 4 个角未修剪前的状态，如图 7-32 所示。

使用修剪工具，对壳体曲面做互相修剪，形成一个封闭的三维实体，如图 7-33 所示。

将构成壳体的所有曲面全部选中，执行 Join

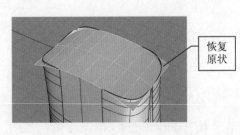

图7-32　取消修剪壳体上方曲面

（组合）命令，将这些曲面结合成一个完整的三维实体。

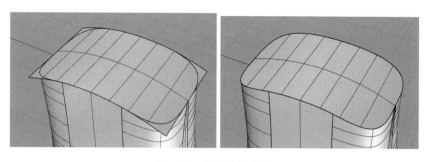

图7-33　修剪壳体曲面

执行 FilletEdge（边缘圆角）命令，将圆角半径设置为 5，在命令行单击"面的边缘"
选项，再单击壳体顶部轮廓曲面，这个曲面的所有轮廓曲线都会被选中。按回车键确认后，
将在顶部生成边缘圆角，如图 7-34 所示。

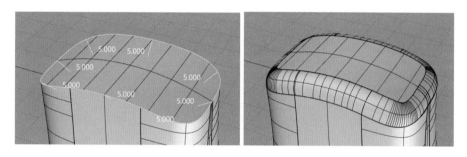

图7-34　生成顶部边缘圆角

至此，对讲机壳体创建完成，如图 7-35 所示。

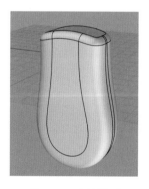

图7-35　壳体模型

在"图层"面板中新建一个图层，命名为 main body，将机身壳体模型放置到这个图层中。

7.4　天线和音量旋钮的创建

本节创建对讲机的天线和音量旋钮，同时还将创建这两个部件与机身壳体的连接底座，
使用到的工具有双轨扫掠、嵌面、放样、直线挤出、曲面圆角等，其难点是用"圆管切割

法”创建过渡圆角。

7.4.1　天线的创建

显示背景图，在 Front 视图，参考背景图，采用直线绘制工具，在天线的顶端绘制一条水平直线。再采用控制点曲线，绘制天线两侧的轮廓曲线。两条轮廓曲线的顶端要吸附到水平直线上，如图 7-36 所示。

采用直径画圆工具，捕捉上述轮廓曲线的端点绘制一个圆形，如图 7-37 所示。

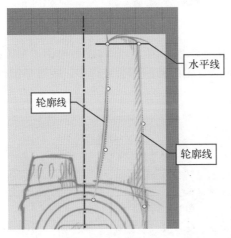

水平线

轮廓线

轮廓线

图7-36　绘制天线轮廓曲线

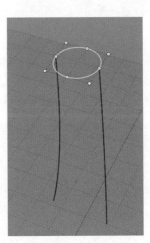

图7-37　绘制圆形

执行 Sweep2（双轨扫掠）命令，以两条轮廓曲线为路径，圆形为断面曲线，生成天线轮廓曲面，如图 7-38 所示。

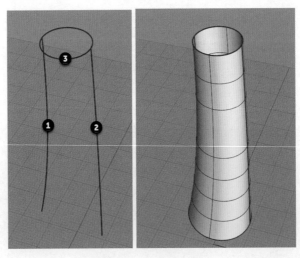

图7-38　扫掠生成天线

执行 Patch（嵌面）命令，选择轮廓曲面边缘，"嵌面曲面选项"对话框的设置如图 7-39 所示，生成天线的端盖曲面。

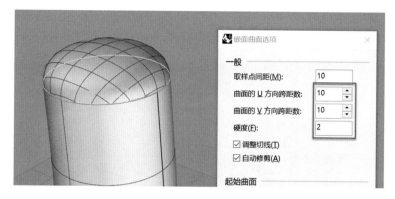

图7-39 生成端盖曲面

7.4.2 旋钮的创建

显示背景图，在 Front 视图，参考背景图，采用直线绘制工具，在旋钮对称轴位置绘制一条垂直直线。再采用控制点曲线，绘制旋钮侧面轮廓曲线的一半，如图 7-40 所示。

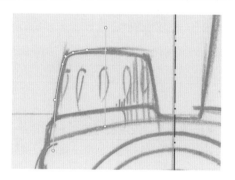

图7-40 绘制旋钮轮廓曲线

执行 Revolve（旋转成形）命令，以上述轮廓作为要旋转的曲线，垂线为旋转轴，生成旋钮壳体模型，如图 7-41 所示。

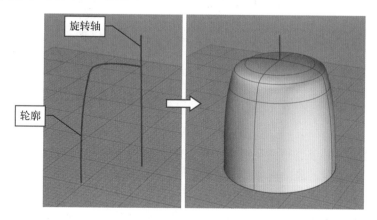

图7-41 生成旋钮曲面

将所有曲面都显示出来，移动对讲机壳体曲面，与旋钮和天线曲面在 Y 轴方向居中对齐。在"图层"面板中创建两个图层，分别命名为 antenna（天线）和 volume knob（音量旋钮），将旋钮曲面和天线曲面分别放置到这两个图层，如图 7-42 所示。

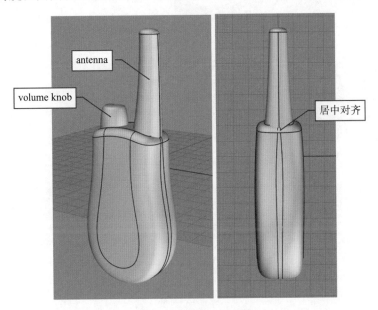

图7-42　编辑曲面位置

7.4.3　底座的创建

在旋钮和天线与壳体相连接的根部，还设计有底座。这个底座起到承上启下的作用，既增加了壳体的强度，又可以为上方部件提供支撑，如图 7-43 所示。

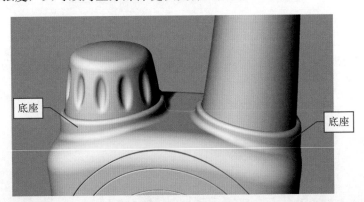

图7-43　旋钮和天线的底座

两个部件的底座，其创建思路是把两个部件的曲面向外偏移，形成底座的壳体。再把底座壳体与机身壳体连接，最后再做边缘过渡。

首先做偏移曲面操作。将旋钮和天线壳体曲面向外偏移。以音量旋钮曲面为例，首先选择旋钮曲面，执行 OffsetSrf（曲面偏移）命令，将偏移方向设置为向外，偏移距离为 1mm，结果如图 7-44 所示。

采用同样操作，向外偏移天线壳体曲面，如图 7-45 所示。

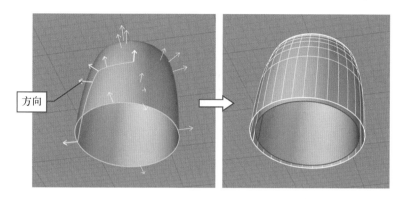

图7-44　偏移旋钮曲面

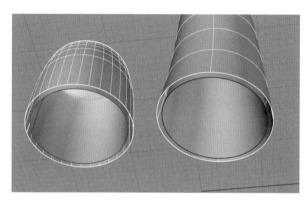

图7-45　偏移天线曲面

　　将旋钮和天线的初始曲面隐藏，只显示偏移的曲面。

　　绘制底座轮廓线，在 Front 视图，参考背景图，绘制一条弧形曲线，作为底座的上端面轮廓，如图 7-46 所示。

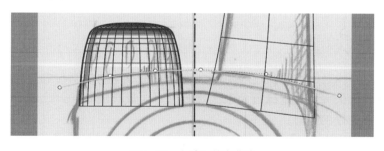

图7-46　上端面轮廓曲线

　　执行 ExtrudeCrv（直线挤出）命令，在命令行单击"两侧"按钮，将上述曲线做直线挤出成曲面，宽度要大于旋钮和天线的直径，如图 7-47 所示。

　　采用修剪工具，在挤出的弧形曲面和两个偏移曲面之间互相修剪，得到底座曲面，如图 7-48 所示。

　　执行 Join（组合）命令，将两个顶盖曲面和相对应的底座轮廓曲面组合成整体。

　　显示机身壳体曲面，将两个底座壳体和机身壳体全部选中，执行 BooleanUnion（布尔运算并集）命令，3 个壳体合并为一个整体，如图 7-49 所示。

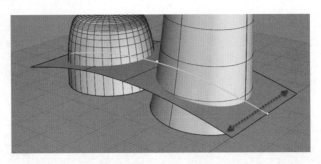

图7-47　挤出弧线成曲面

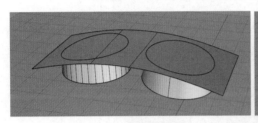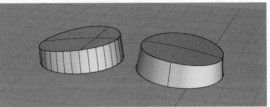

图7-48　修剪生成底座曲面

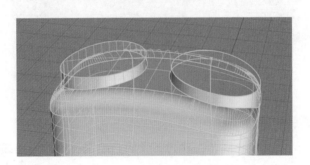

图7-49　3个壳体的并集运算

7.4.4　创建过渡曲面

底座和机身壳体之间的圆角过渡是一个难点，由于两个底座与机身壳体之间有多个曲面同时相交，如果采用"边缘圆角"之类的命令生成过渡圆角，比较容易出现问题。图 7-50 就是一种错误的情形。

这种情况下，可以使用最为可靠的"圆管切割法"来创建过渡圆角。

单独显示天线底座的轮廓曲线，执行 DupEdge（复制边缘）命令，将底座和机身壳体的公共边缘全部复制下来，如图 7-51 所示。执行 Join（组合）命令，将复制出来的边缘组合成一条完整的曲线。

执行 Pipe（圆管）命令，选择上述边缘曲线，将圆管半径设置为 1mm，生成的圆管如图 7-52 所示。

将机身壳体曲面显示出来，用上述圆管切割所有与之相交的曲面。再将圆管和被切割开的曲面删除，在底座和机身壳体之间留下一个宽度均匀的缝隙，如图 7-53 所示。

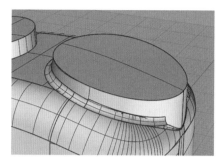

图7-50 错误的边缘过渡

图7-51 复制底座边缘

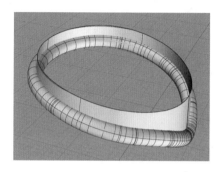

图7-52 生成圆管

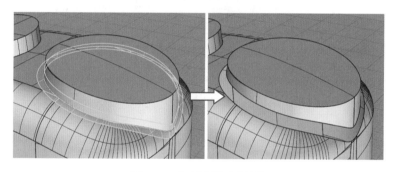

图7-53 切割曲面形成缝隙

　　执行 BlendSrf（混接曲面）命令，在底座和机身壳体之间建立混接过渡曲面，在"调整曲面混接"对话框的设置如图 7-54 所示。

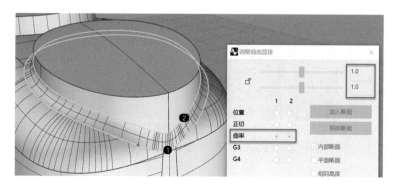

图7-54 创建混接曲面

采用相同操作，对旋钮底座和机身壳体之间也做过渡圆角操作，结果如图 7-55 所示。

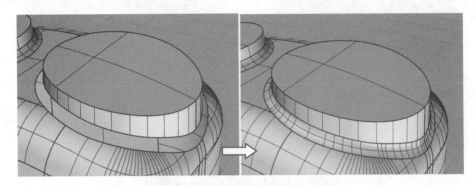

图7-55　创建旋钮底座过渡曲面

7.4.5　创建圆角边缘

上一小节完成了底座和机身壳体之间的圆角过渡，本小节将创建底座上端面和轮廓曲面之间的圆角。

执行 FilletSrf（曲面圆角）命令，在两个底座的端面和轮廓曲面之间创建圆角，半径为 0.5mm，结果如图 7-56 所示。

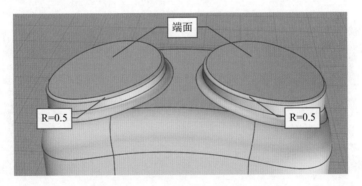

图7-56　创建曲面圆角

将天线和旋钮曲面显示出来，执行 Split（分割）命令，用这两个曲面分别切割与之相交的底座端面，如图 7-57 所示。

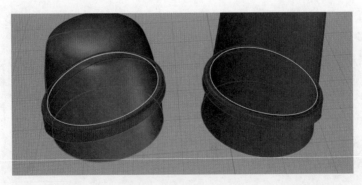

图7-57　分割底座端面

将分割开的曲面删除，生成两个圆形空洞，如图 7-58 所示。

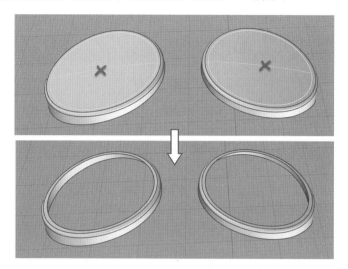

图7-58　删除曲面

执行 ExtrudeCrv（直线挤出）命令，选择端面开孔的圆形轮廓曲线，垂直向内部挤出 1mm 成面，如图 7-59 所示。

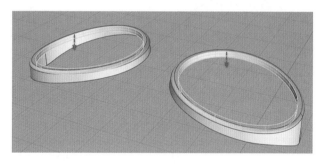

图7-59　向内挤出成面

执行 FilletSrf（曲面圆角）命令，在端面和上述挤出面之间创建圆角，半径为 0.2mm，结果如图 7-60 所示。

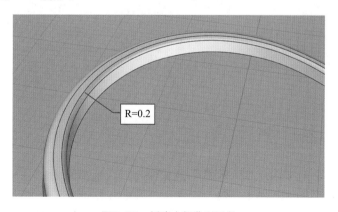

图7-60　创建内部曲面圆角

7.5 音量旋钮的细节创建

本节将创建音量旋钮上的重要细节——防滑凹槽，使用到的工具有创建椭球体、环形阵列、布尔运算、圆角过渡等。

7.5.1 创建椭球体

执行 Ellipsoid（椭球体）命令，创建一个高度为 7mm、直径为 2mm 的椭球体，如图 7-61 所示。

在 Front 视图中，采用移动和旋转工具编辑椭球体的角度和位置，将其横向直径的 40% 嵌入到旋钮，如图 7-62 所示。

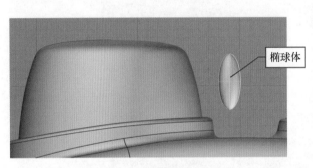

图7-61 创建椭球体

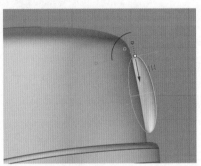

图7-62 编辑椭球体的位置

选择上述椭球体，执行 ArrayPolar（环形阵列）命令，阵列中心为旋钮中轴线，阵列数量为 12，阵列结果如图 7-63 所示。

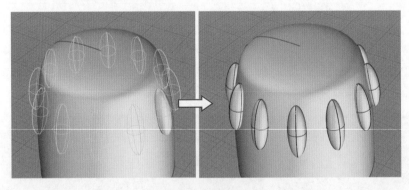

图7-63 环形阵列椭球体

7.5.2 布尔运算

执行显示操作，视图中只保留椭球体和旋钮曲面。执行 PlanarSrf（以平面曲线建立曲面）命令，选择旋钮底部的圆形边缘，生成一个圆形封盖平面，如图 7-64 所示。

执行 Join（组合）命令，将旋钮底部封盖和旋钮壳体曲面结合成一个封闭实体。

执行 BooleanDifference（布尔运算差集）命令，先后选择旋钮壳体和 12 个椭球体，差集运算的结果如图 7-65 所示，旋钮壳体表面被挖出半椭球体凹槽。

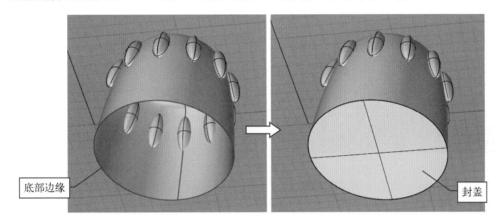

图7-64　创建旋钮底部封盖

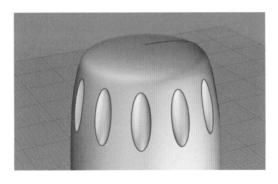

图7-65　布尔运算结果

7.5.3　创建圆角边缘

防滑凹槽和旋钮壳体之间的转折处过于锋利，容易割伤手指，因此需要做圆角边缘处理，如图 7-66 所示。

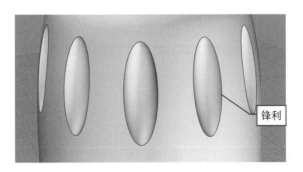

图7-66　锋利的转折

执行 FilletEdge（边缘圆角）命令，将圆角半径设置为 0.5mm，在 Front 视图中框选所有凹槽边缘，如图 7-67 所示。

生成的圆角边缘如图 7-68 所示。

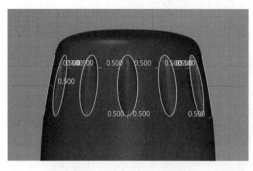

图7-67　框选左右凹槽边缘

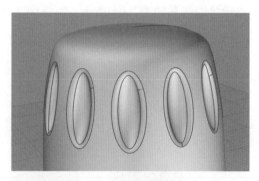

图7-68　生成凹槽圆角边缘

7.6　创建面盖轮廓线

　　本节将创建面盖部分的所有轮廓曲线。面盖部分的轮廓曲线包括椭圆、同心圆、圆角矩形、过渡圆角等，具体分布如图 7-69 所示。

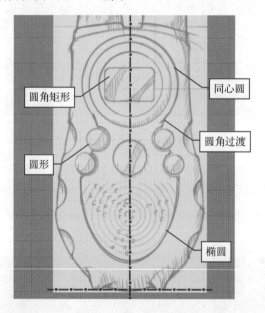

图7-69　面盖曲线构成

7.6.1　创建椭圆和同心圆

　　为了方便观察和操作，将所有已创建的曲面和曲线全部隐藏，只显示背景图。

　　绘制椭圆形。在 Front 视图，打开"最近点"捕捉，执行 Ellipse（椭圆）命令，参考背景图，捕捉中轴线上的最近点，绘制一个椭圆形，如图 7-70 所示。

　　采用半径画圆工具，以"最近点"模式捕捉中轴线上的点作为圆心，参考背景图绘制一个圆形，如图 7-71 所示。

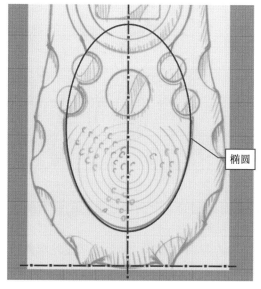

图7-70　绘制椭圆形

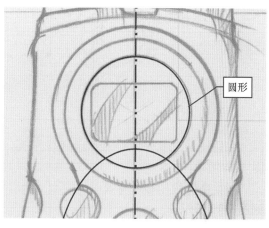

图7-71　绘制圆形

　　执行 Offset（曲线偏移）命令，选择上一步绘制的圆形，在命令行单击"通过点"按钮，参考背景图上的图案，绘制两个同心圆，如图 7-72 所示。

　　执行 Circle（圆）命令，在命令行单击"正切"按钮，捕捉最外侧同心圆和椭圆上的切点，绘制一个与二者同时相切的圆形，如图 7-73 所示。

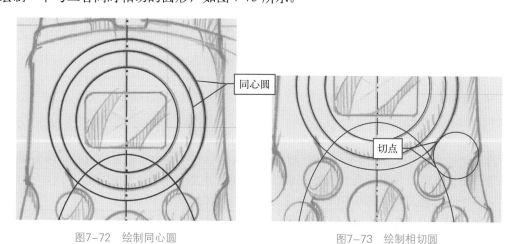

图7-72　绘制同心圆　　　　　　　　　　　图7-73　绘制相切圆

7.6.2　按钮的绘制

　　采用画圆工具和曲线偏移工具，参考背景图，绘制一组同心圆，作为按钮和面盖轮廓曲线，如图 7-74 所示。

　　将上一步绘制的同心圆复制一组，并移动到右下方位置，与背景图上的图案对齐，如图 7-75 所示。

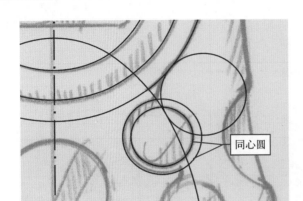

图7-74 绘制一组同心圆

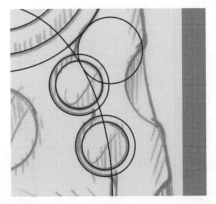

图7-75 复制同心圆

采用镜像工具，以中轴线为镜像平面，将上面绘制的 5 个圆形镜像复制到右侧，如图 7-76 所示。

捕捉中轴线，参考背景图，绘制一个以中轴线为圆心的圆形，即为主按钮轮廓曲线，如图 7-77 所示。

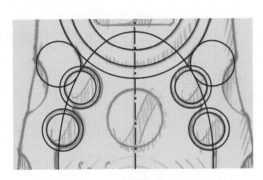

图7-76 镜像5个圆形

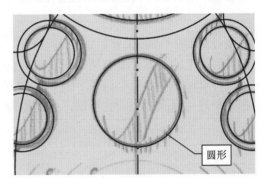

图7-77 通话按钮轮廓曲线

7.6.3 曲线的编辑

到上一小节，已经完成了面盖和按钮轮廓曲线的创建，本小节将对曲线进行修剪编辑。

为了便于表述，先把需要修剪的轮廓线保留显示并加上编号，如图 7-78 所示。

采用修剪工具，对椭圆形和 1 号圆互相修剪，结果如图 7-79 所示。

采用椭圆与 1、2、3 号圆相互修剪，形成 1 号圆和椭圆之间的过渡圆角，结果如图 7-80 所示。

采用椭圆与 4、5、6、7 号圆互相修剪，形成按钮周边的轮廓曲线，如图 7-81 所示。

执行 Fillet（曲线圆角）命令，将半径设置为 2mm，在 6 号圆和 2 号圆之间生成一个过渡圆角，如图 7-82 所示。

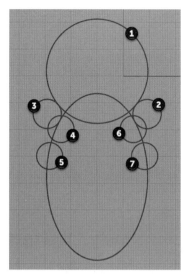

图7-78　轮廓线编号

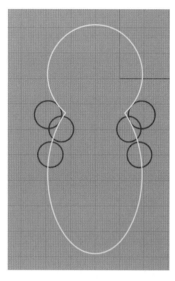

图7-79　第一步修剪

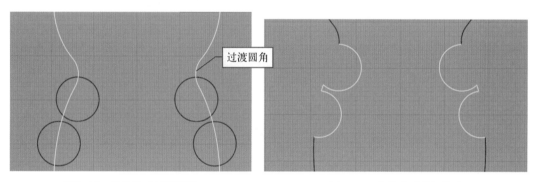

图7-80　修剪生成过渡圆角　　　　　　　　图7-81　修剪生成按钮轮廓

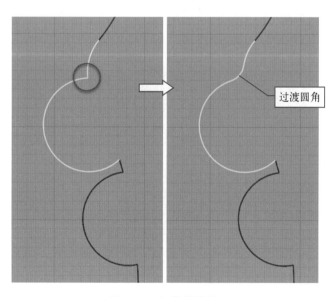

图7-82　生成过渡圆角

执行 Fillet（曲线圆角）命令，将半径设置为 2mm，在 3 号圆和 4 号圆之间也创建半径为 2mm 的过渡圆角，如图 7-83 所示。

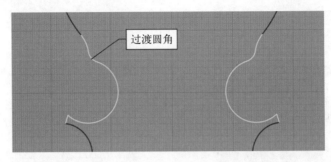

图7-83　生成另一侧的过渡圆角

执行 Fillet（曲线圆角）命令，将半径设置为 2mm，在 5 号圆、7 号圆与椭圆之间创建过渡圆角，如图 7-84 所示。

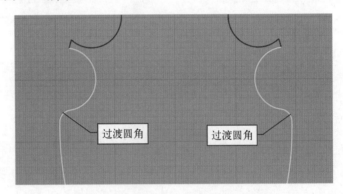

图7-84　椭圆和轮廓之间的过渡圆角

执行 Fillet（曲线圆角）命令，将半径设置为 0.5mm。在椭圆轮廓和 6、7 号圆之间连线的转角处插入过渡圆角，结果如图 7-85 所示。

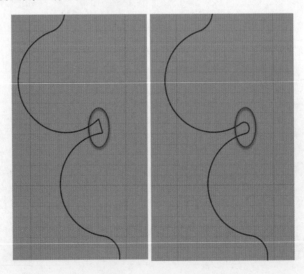

图7-85　6、7号圆之间的过渡圆角

以此类推，在 4、5 号圆之间的连线转角处也创建半径为 0.5mm 的过渡圆角。

绘制液晶屏轮廓曲线。液晶屏的轮廓曲线属于圆角矩形。可以用圆角矩形工具创建。

在 Front 视图，执行 Rectangle（矩形）命令，在命令行单击"圆角"选项和"中心点"选项，参考背景图上液晶屏的图案，捕捉中轴线，创建一个圆角矩形。确定了长、宽之后，在命令行上设置"角＝圆锥"，创建一个 8 段弧圆角矩形，如图 7-86 所示。

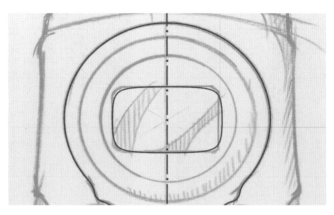

图7-86 创建液晶屏轮廓

至此，面盖、按钮和液晶屏部分的所有轮廓曲线全部创建完成，结果如图 7-87 所示。

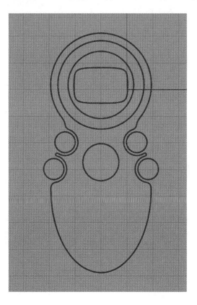

图7-87 面盖部分所有曲线

7.7 面盖的创建

本节将使用上一节创建的面盖和按钮轮廓曲线分割机身壳体曲面，并创建面盖和按钮模型。其难点是各部件圆角边缘的创建。

7.7.1 投影曲线

首先，采用 Join（组合）工具，将构成面盖轮廓的所有曲线组合成一整条曲线。将机身壳体曲面显示出来，把上一节创建的所有轮廓曲线移动到机身壳体的正前方，如图 7-88 所示。

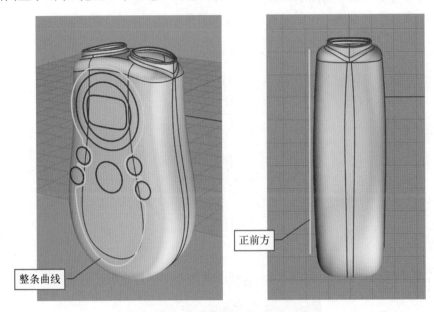

图7-88　轮廓曲线和机身壳体

执行 Project（投影曲线）命令，先后选择面盖轮廓曲线和机身壳体曲面，将轮廓曲线投射到壳体上。由于机身壳体是一个封闭的曲面，所以曲线会同时投射到壳体的正面和背面，如图 7-89 所示。

由于背面的投影是无用的，因此可以将其选中删除，只保留正面的投影，如图 7-90 所示。

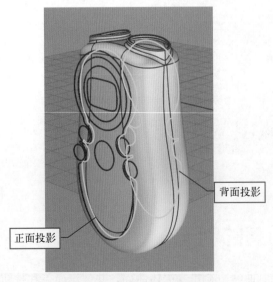

图7-89　正面和背面的投影

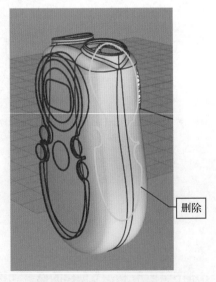

图7-90　删除背面的投影

以此类推，将面盖上所有按钮和液晶屏的轮廓曲线都投影到机身壳体上，再把背面的投影删除，只保留正面的投影，结果如图 7-91 所示。

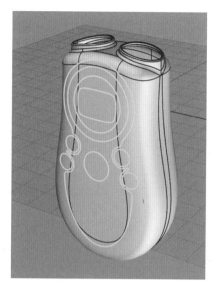

图7-91　正面的投影曲线

7.7.2　分割曲面

执行 Split（分割）命令，采用投影到壳体上的曲线分割机身壳体曲面，将机身壳体分割成 9 块曲面。为了便于操作和识别，在"图层"面板中新建 6 个图层，分别命名为 LCD 和 face cap 等。为了便于区分，给每个图层设置了不同的颜色，如图 7-92 所示。

将分割开的曲面分别指定不同的图层，具体分布如图 7-93 所示。

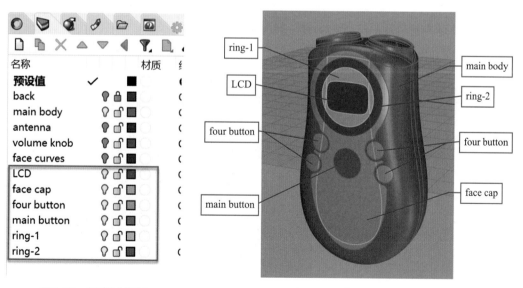

图7-92　新建6个图层　　　　　图7-93　曲面的图层设定

7.7.3 面盖边缘圆角

执行显示操作，视图中只保留图层为 face cap 的面盖曲面。

执行 Pause（直线挤出）命令，选中面盖外轮廓边缘上的所有曲线，在命令行单击"方向"选项，将挤出方向设置为 Y 轴正方向，挤出高度设置为 2mm，结果如图 7-94 所示。

以此类推，将面盖内部的两个圆形轮廓也向 Y 轴正方向挤出 2mm，如图 7-95 所示。

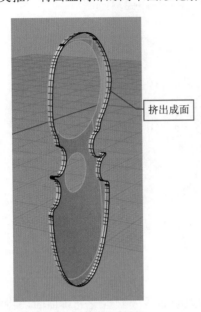

图7-94　挤出面盖边缘轮廓

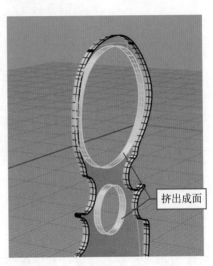

图7-95　挤出两个圆形轮廓

将所有挤出的边缘曲面的图层设置为 face cap，全选所有曲面，执行 Join（组合）命令，将构成面盖的所有曲面组合成一个整体，如图 7-96 所示。

执行 FilletEdge（边缘圆角）命令，选择面盖外轮廓所有边缘曲线，将半径设置为 0.2mm，生成面盖全部轮廓的圆角边缘，如图 7-97 所示。

图7-96　组合所有曲面

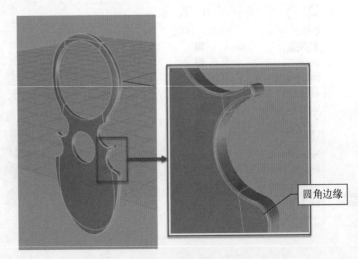

图7-97　创建外轮廓圆角边缘

以此类推，对内部两个圆形开孔的边缘也做圆角边缘处理，半径为 0.2mm，如图 7-98 所示。

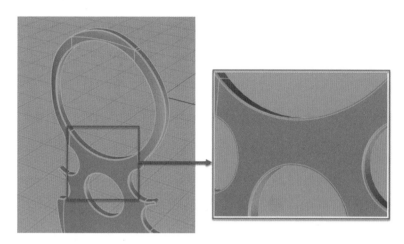

图7-98　创建圆形开孔的圆角边缘

7.7.4　环形面的圆角边缘

本小节将创建液晶屏外围两个圆形曲面的圆角边缘。

在"图层"面板，将 ring-1 层之外的图层都关闭显示，只显示液晶屏外围的第一圈面板，如图 7-99 所示。

执行 Pause（直线挤出）命令，选中上述面板外轮廓边缘上的所有曲线，在命令行单击"方向"选项，将挤出方向设置为 Y 轴正方向，挤出高度设置为 2mm，结果如图 7-100 所示。

图7-99　显示ring-1面板

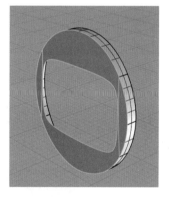

图7-100　挤出外轮廓

将上述挤出的边缘曲面的图层设置为 ring-1，全选所有曲面，执行 Join（组合）命令，将环形面和挤出面组合成一个整体。

执行 FilletEdge（边缘圆角）命令，选择环形面盖外轮廓所有边缘曲线，将半径设置为 0.2mm，生成圆角边缘，如图 7-101 所示。

将 ring-2 图层的物件显示出来。执行 Pause（直线挤出）命令，挤出其内外两个环形边缘成面，挤出高度为 2mm，结果如图 7-102 所示。

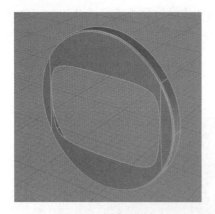

图7-101　创建圆角边缘

图7-102　挤出两个环形边缘成面

将所有曲面都设置为 ring-2 图层，组合成一个整体。对内外两圈转角做边缘圆角处理，圆角半径为 0.2mm，结果如图 7-103 所示。

图7-103　转角的边缘圆角处理

7.8　按钮的创建和编辑

本节将创建和编辑壳体上的几个按钮模型，其中位于机身中间的主按钮需要重新建模，4 个小按钮需要制作圆角边缘。几个按钮的形状和分布如图 7-104 所示。

小按钮

小按钮

主按钮

图7-104　5个按钮

7.8.1　主按钮的创建

对讲机主按钮的外形是一个球冠（球体的局部），创建方法有多种，可以采用旋转成形，也可以采用球体切割。这里采用球体切割法创建。

首先，删除原来从机身壳体上切割下来的主按钮曲面。再将 7.6 节创建的所有面盖轮廓曲线都显示出来，找到其中圆形的主按钮轮廓线，如图 7-105 所示。

将其他所有物件关闭显示，只显示主按钮轮廓线。打开"中心点"捕捉，执行 Sphere（球体）命令，在 Front 视图中捕捉主按钮轮廓线的圆心，创建一个半径为 50mm 的球体，如图 7-106 所示。

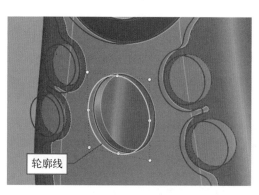

图7-105　主按钮轮廓线

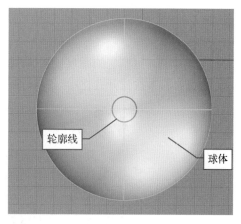

图7-106　创建球体

采用轮廓曲线分割球体，得到两个球冠曲面，如图 7-107 所示。

删除位于轮廓曲线背面的球冠和球体其余部分，只保留正面的球冠。这个球冠就是主按钮的正面曲面，如图 7-108 所示。

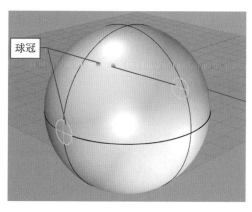

图7-107　分割球体

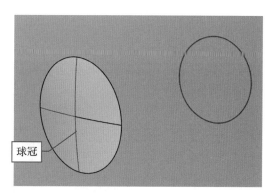

图7-108　保留一个球冠

对球冠曲面做边缘挤出和边缘圆角操作，圆角半径为 0.5mm，得到主按钮模型，如图 7-109 所示。

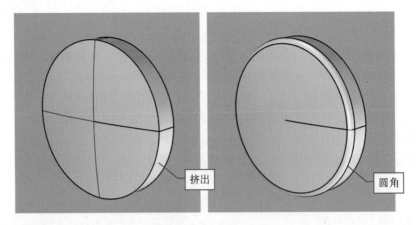

图7-109　边缘圆角处理

最后，将主按钮模型的图层设置为 main button。再把面盖曲面显示出来，把主按钮模型移动到面盖的主按钮开孔之中，完成主按钮的创建，如图 7-110 所示。

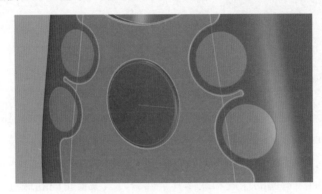

图7-110　安装主按钮

7.8.2　小按钮的编辑

本节将编辑 4 个小按钮。首先将 4 个小按钮所在的图层 four button 打开，其他图层关闭显示，视图中只显示 4 个小按钮面盖曲面，如图 7-111 所示。

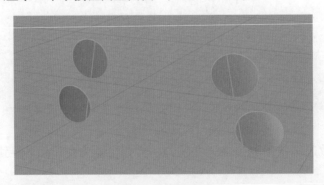

图7-111　4个小按钮面盖

和上一小节主按钮的操作一样，首先直线挤出 4 个小按钮的侧面轮廓曲线成面，挤出高度为 2mm，如图 7-112 所示。

再对 4 个按钮的边缘做边缘圆角操作，半径为 0.2mm，结果如图 7-113 所示。

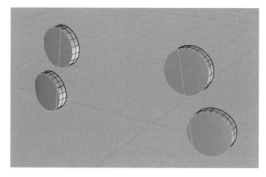

图7-112　挤出侧面轮廓

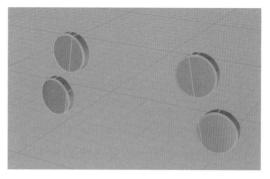

图7-113　创建4个按钮的圆角边缘

7.8.3　机身壳体的圆角边缘

上一小节，面盖部分和所有的按钮都完成了创建和圆角边缘处理。本小节将创建机身壳体上的圆角边缘。

在"图层"面板，打开 main body 图层的显示，关闭其他所有图层。视图中只显示机身壳体曲面，如图 7-114 所示。

首先加工 4 个小按钮的开孔，采用直线挤出工具，同时选中 4 个小按钮的圆形开孔边缘，向机身壳体内部挤压，高度为 2mm，结果如图 7-115 所示。

图7-114　显示机身壳体

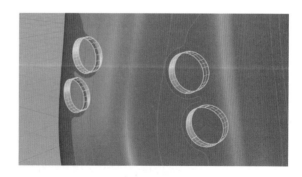

图7-115　向内部挤压成面

将上述挤出的轮廓曲面与机身壳体组合成一个整体，再对转角处做圆角边缘处理，半径为 0.2mm，结果如图 7-116 所示。

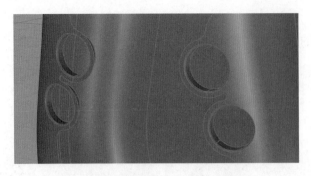

图7-116　创建圆孔的圆角边缘

选中机身壳体上面盖边缘的所有曲线，将其向内部直线挤出成面，挤出高度为2mm，如图 7-117 所示。

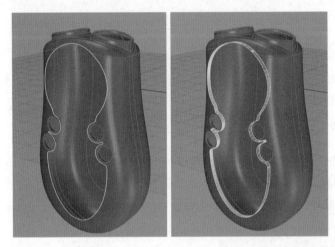

图7-117　面盖边缘的挤出面

执行圆角边缘命令，选中面盖开孔处所有转角边缘，半径设置为 0.2mm，结果如图 7-118 所示。

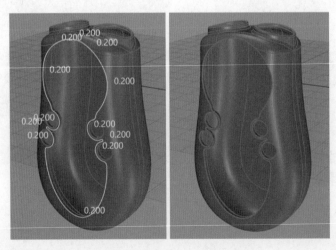

图7-118　面盖边缘的圆角处理

7.9 扬声器出声孔的创建

对讲机面板的下半部分设计有大量呈环形分布的小孔，这些小孔就是内置扬声器的出声孔，如图 7-119 所示。

图7-119 面盖上的出声孔

本节将创建面盖上的出声孔，使用到的建模工具包括轮廓线创建、环形阵列、修剪、圆角边缘等。

7.9.1 范围曲线创建

要创建出声孔，首先需要确定出声孔的分布范围。由于出声孔是分布在面盖上的，所以先将面盖模型和面盖轮廓曲线单独显示，如图 7-120 所示。

由于出声孔都分布在面盖的下半部分，因此可以将轮廓曲线炸开后，删除上半部分所有曲线，只保留下半部分的半个椭圆形，如图 7-121 所示。

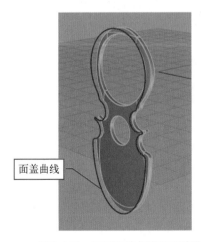

图7-120 显示面盖曲线和面盖模型

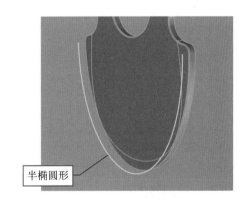

图7-121 保留半椭圆形

执行 Offset（曲线偏移）命令，将偏移距离设置为 2mm，将上述半椭圆曲线向内部偏移 2mm，生成一条新的曲线，如图 7-122 所示。将原半椭圆形删除，只保留偏移后的曲线。

参照面盖曲面，捕捉半椭圆形曲线的两个端点，绘制一个三点（起点、终点、通过点）圆弧，圆弧的最高点要低于面盖上的主按钮开孔，如图 7-123 所示。由圆弧和半椭圆形构成的轮廓就是出声孔的分布范围。

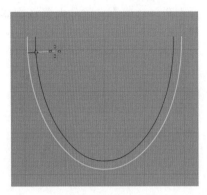

图7-122　偏移曲线

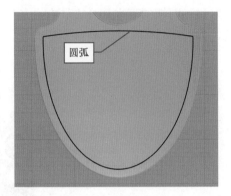

图7-123　绘制圆弧

7.9.2　阵列圆形

为了便于定位，首先捕捉半椭圆和圆弧的四分点，绘制一条直线。这条直线就是出声孔的定位线，如图 7-124 所示。

采用画圆工具，捕捉上述直线的中点，绘制一个半径为 0.65mm 的圆形，如图 7-125 所示。这个圆位于所有环形分布出声孔的中心位置，称之为"中心圆"。

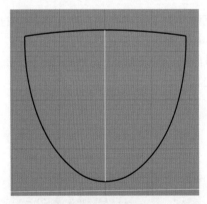

图7-124　绘制直线

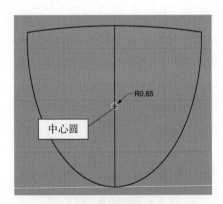

图7-125　绘制中心圆

在透视图中选择中心圆，执行 Array（阵列）命令，在命令行将 X 和 Y 轴的阵列数量设置为 1，Z 轴方向的阵列数量设置为 11，间距设置为 2，得到沿 Z 轴正方向直线阵列的 11 个圆形，如图 7-126 所示。

选择中心圆上方的第 1 个圆形，执行 ArrayPolar（环形阵列）命令，以中心圆的圆心为阵列中心，阵列数量为 6，生成一个六边形的环形阵列，如图 7-127 所示。

采用相同操作，阵列上述环形阵列外围的第 1 个圆，阵列数量为 12，结果如图 7-128 所示。

采用相同操作，阵列上述环形阵列外围的第 1 个圆，阵列数量为 18，结果如图 7-129

所示。

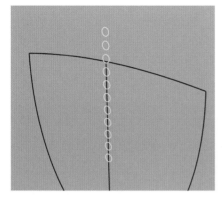

图7-126　直线阵列圆形

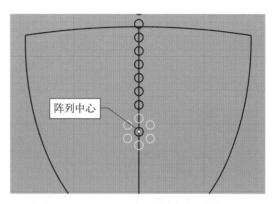

图7-127　第1圈阵列

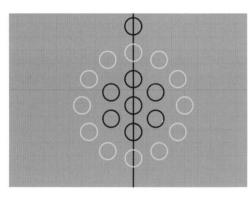

图7-128　第2圈阵列

图7-129　阵列第3圈

　　按照上述规律，将剩下的所有圆都做环形阵列操作，每圈的数量增加6，结果如图 7-130 所示。

　　将范围曲线之外的所有圆都删除，只有少部分在范围曲线之内的也删除，结果如图 7-131 所示。留下的圆将作为出声孔使用。

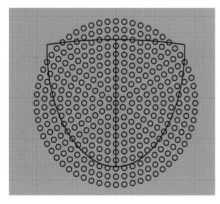

图7-130　阵列完成

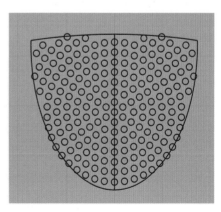

图7-131　留下的圆形

7.9.3　生成出声孔

　　将面盖模型显示出来，选中所有的出声孔曲线，执行 Project（投影曲线）命令，将出声孔都投影到面盖上，如图 7-132 所示。

　　用投射到面盖上的出声孔曲线分割面盖，删除曲线内部的圆形曲面，形成出声孔开孔，如图 7-133 所示。

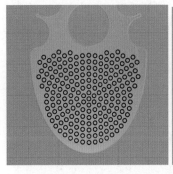
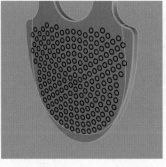
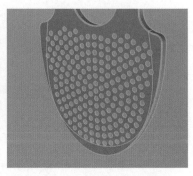

图7-132　投影出声孔到面盖　　　　　　　　　　图7-133　创建出声孔

　　执行 Pause（直线挤出）命令，全选所有的出声孔曲线，向面盖内部挤出成面，挤出高度为 1mm，生成面盖的厚度，结果如图 7-134 所示。

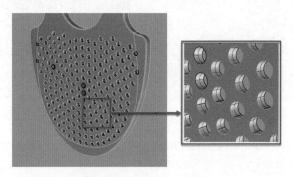

图7-134　生成面盖厚度

　　将上述的挤出面与面盖组合成一个整体。执行 FilletEdge（边缘圆角）命令，圆角半径为 0.2mm，给每一个出声孔的转折边缘做圆角处理，结果如图 7-135 所示。

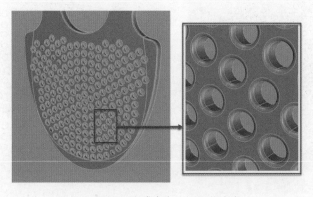

图7-135　生成出声孔的圆角边缘

7.10　防滑槽的创建

对讲机壳体侧面设计有 6 个半圆形的凹槽，其目的是增强手指与机身之间的摩擦力，防止滑脱，如图 7-136 所示。

图7-136　机身侧面防滑槽

本节将创建防滑槽，使用到的建模流程包括轮廓线创建、曲线阵列、修剪、混接曲面等。

7.10.1　轮廓线的创建

显示背景图，在 Front 视图中，参考背景板，采用画圆工具，绘制一个半径为 7.5mm 的圆形，将其移动到防滑槽背景图案上，如图 7-137 所示。这个圆形就是防滑槽的轮廓线。

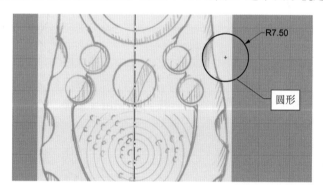

图7-137　创建圆形

将 7.2.2 节创建的机身壳体轮廓曲线显示出来，如图 7-138 所示。

选中机身轮廓曲线，打开"中心点"捕捉。执行 Offset（曲线偏移）命令，在命令行单击"通过"按钮，在 Front 视图，捕捉防滑槽截面圆形的中心点（圆心）创建偏移曲线，如图 7-139 所示。

将防滑槽截面圆形复制一个，打开"中心点"和"最近点"捕捉。采用移动工具，以圆心为移动的参照点，捕捉最近点并沿着偏移曲线移动，将圆形移动到第二个凹槽位置，如图 7-140 所示。

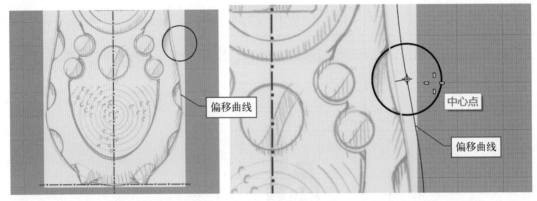

图7-138 显示壳体轮廓曲线　　　　　　　图7-139 创建偏移曲线

以此类推，再复制一个截面圆形，沿偏移曲线移动到第 3 个凹槽的位置，如图 7-141 所示。

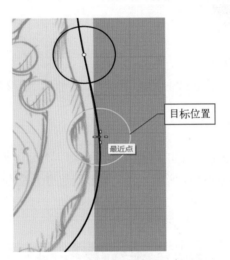

图7-140 复制移动圆形

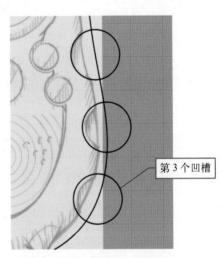

图7-141 复制第3个截面

将上述 3 个防滑槽截面圆形同时选中，执行 Mirror（镜像）命令，沿中轴线复制镜像到左侧，如图 7-142 所示。

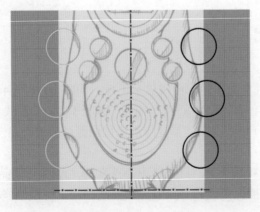

图7-142 镜像截面圆形

7.10.2 切割机身壳体

在 Front 视图，采用 Split（分割）工具，用圆形截面分割机身壳体。被分割开的曲面在 Front 视图方向呈月牙形，如图 7-143 所示。

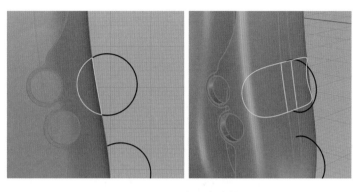

图7-143 分割机身壳体

将操作轴设置为对齐物体，并与月牙形曲面两端对齐，如图 7-144 所示。

执行 Scale（三维缩放）命令，在 Front 视图，捕捉月牙形曲面的中点作为参考点，将该曲面缩小，如图 7-145 所示。

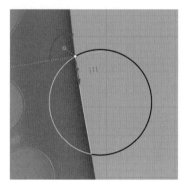

图7-144 操作轴的设置

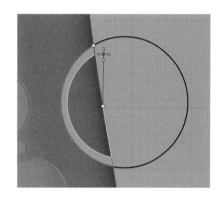

图7-145 三维缩放曲面

在 Front 视图，将月牙形曲面沿 X 轴稍向机身壳体内部移动。在 Right 视图，适当修改其宽度，使其四周的空隙宽度均匀，如图 7-146 所示。

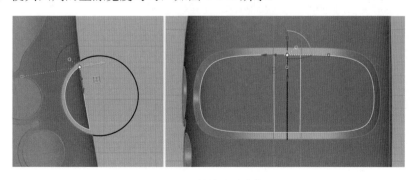

图7-146 缩放和移动曲面

以此类推，对机身壳体同侧的另外两个防滑槽也做相同的分割和缩放处理，结果如图 7-147 所示。

用机身壳体左侧的 3 个圆形截面分割壳体，将分割开的 3 个月牙形曲面删除，如图 7-148 所示。

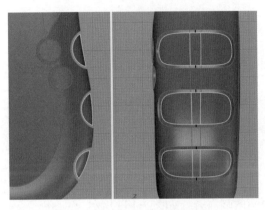

图7-147　编辑另外两个防滑槽

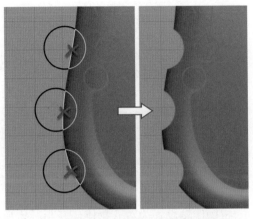

图7-148　分割和删除月牙形曲面

同时选中右侧的 3 个缩小的月牙形曲面，采用镜像工具，以机身壳体中轴线为镜像平面，将其复制镜像到机身壳体左侧，如图 7-149 所示。

7.10.3　混接曲面

本小节将创建月牙形曲面和机身壳体之间的混接曲面，完成防滑槽的创建。

执行 BlendSrf（混接曲面）命令，在月牙形曲面和机身壳体边缘，创建混接曲面，在"调整曲面混接"对话框的设置如图 7-150 所示。

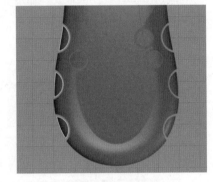

图7-149　镜像月牙形曲面

以此类推，对另外两个防滑槽也做相同的混接曲面处理，结果如图 7-151 所示。

对机身壳体左侧的 3 个防滑槽也做相同的混接曲面处理，结果如图 7-152 所示。

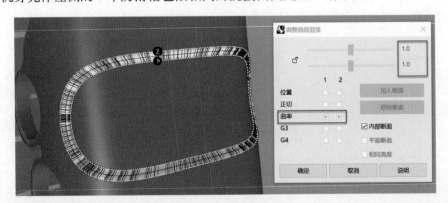

图7-150　混接曲面操作

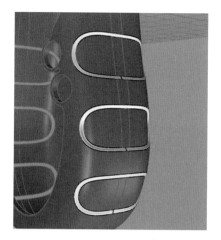

图7-151　创建另外两处混接曲面

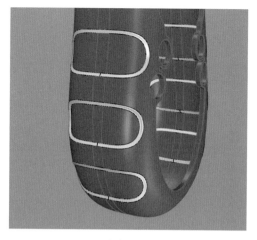

图7-152　左侧的混接曲面处理

7.11　底脚的创建

由于对讲机的机身壳体底部是弧形的，无法直接在水平面上直立放置。因此机身壳体底部设计有两个凸起的底脚，底脚的外形是倒置椭圆截面锥体。图 7-153 红圈中即为底脚。

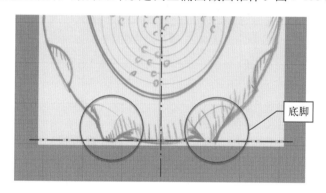

图7-153　机身壳体底部的底脚

本节将创建底脚模型，建模环节包括轮廓曲线绘制、锥形挤出、圆角边缘、不等距边缘混接等。

7.11.1　创建底脚轮廓

首先绘制底脚轮廓线的定位线，以方便定位轮廓线中心点的位置。

显示背景图，在 Front 视图，参照背景图绘制一条水平直线，起点在中轴线和底部基准线的交点，终点在底脚底部的中心位置，如图 7-154 所示。

创建圆角矩形。执行 Rectangle（矩形）命令，在命令行单击"中心"和"圆角"选项。在 Top 视图，捕捉上一步绘制的定位线终点作为中心，绘制一个圆角矩形，高度为14mm，宽度为 3mm，如图 7-155 所示。

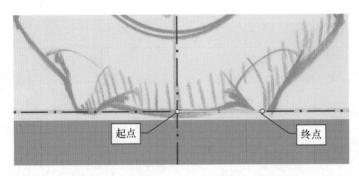

图7-154 水平定位线

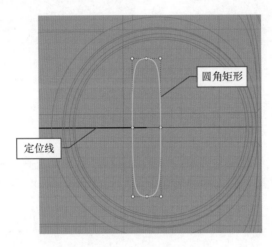

图7-155 创建圆角矩形

7.11.2 生成底脚模型

选中圆角矩形，执行 ExtrudeCrvTapered（挤出直线成锥状）命令，在命令行将"拔模角度"设置为 -15°，挤出方向为 Z 轴正方向，高度为 7mm，形成一个倒锥体的底脚模型，如图 7-156 所示。

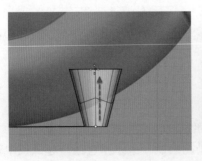
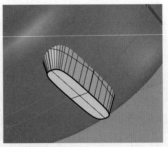

图7-156 挤出圆角矩形成台体

选中底脚模型，执行 Mirror（镜像）命令，镜像平面为中轴线，将底脚模型复制镜像到左侧，如图 7-157 所示。

底脚和机身壳体合并。执行 BooleanUnion（布尔运算联集）命令，同时选中机身壳体和两个底脚模型，按回车键确认。底脚和机身壳体相互修剪，并将二者结合为一体，如图 7-158 所示。

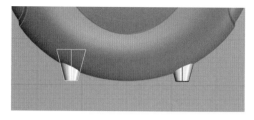

图7-157 镜像底脚模型

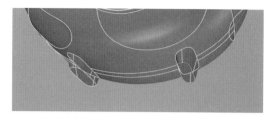

图7-158 底脚的布尔运算

7.11.3 创建过渡圆角

本小节将创建底脚底面和侧面之间的过渡圆角，以及底脚和机身壳体之间的过渡圆角。

执行 FilletEdge（边缘圆角）命令，在命令行单击"面的边缘"按钮，同时选中两个底脚的底面，圆角半径为 1mm，如图 7-159 所示。

生成的过渡圆角如图 7-160 所示。

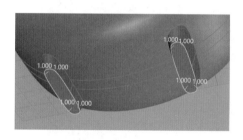

图7-159 两个底面的圆角设置

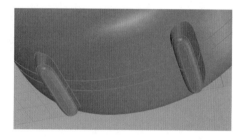

图7-160 底面的过渡圆角

底脚和机身壳体之间的圆角过渡，将采用一种较为特殊的工具创建——不等距边缘混接。

执行 BlendEdge（不等距边缘混接）命令，选择底脚和机身壳体的所有分界线，如图 7-161 所示。

选择好分界线之后，按回车键确认。然后将半径控制杆移动到底脚外侧的中点，将其半径设置为 2mm，按回车键确认，如图 7-162 所示。

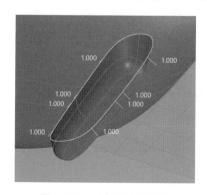

图7-161 选择所有分界线

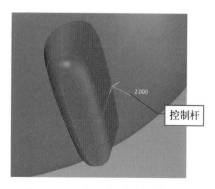

图7-162 设置外侧混接半径

在命令行单击"新增控制杆"按钮，在底脚和机身壳体的内侧，捕捉中点创建一个新的控制杆，半径设置为0.6mm，按回车键确认，如图7-163所示。

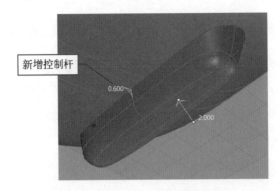

图7-163 新增控制杆

生成的底脚和壳体之间的过渡圆角，其内侧和外侧应用了不同半径的过渡圆角，如图7-164所示。

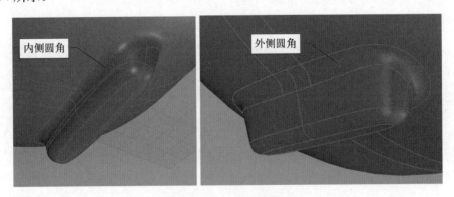

图7-164 不等距边缘混接

对讲机模型至此全部完成，最终的成品模型如图7-165所示。

图7-165 对讲机成品模型

第8章

吸尘器

　　本章详细讲解一款吸尘器的建模过程。这是一款手持式吸尘器，造型非常优美，主要由集尘罩和一体化的主机构成。二者的流线型造型完美地融为一体，非常和谐、流畅，符合当下"颜值即正义"的设计理念——好用的东西一定要好看。

　　吸尘器的建模涉及的技术环节包括背景图的设置、曲线的绘制、曲线的编辑、曲面的修补和切割等。吸尘器的成品材质渲染图如图8-1所示。

　　吸尘器的构成部件包括集尘罩、滤网、主机等，主机上还包括电源按钮、防滑硅胶和出风口等部件，具体构成和位置、形状等如图8-2所示。

图8-1　吸尘器成品渲染图

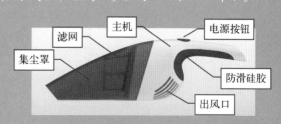

图8-2　吸尘器构成

8.1 背景板的创建和设置

本节将导入背景图，并对背景板做相关设置，为后续的模型创建做好准备工作。

8.1.1 背景图的导入

在新建场景时，将场景模板设置为"大模型 - 毫米"。

打开配套"资源包 > 第 8 章 > back"文件夹，将其中的 front 图像文件拖动到 Front 视图中，形成前视图背景板。采用操作轴缩放工具，将背景板的宽度设置为 400mm，如图 8-3 所示。

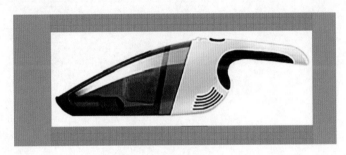

图8-3　设置背景板宽度

再用相同方法，将 back 文件夹中的 top 图像文件拖动到 Top 视图中，形成俯视背景板。用操作轴缩放工具将其宽度设置为 400mm，采用移动工具，将 top 背景宽度的中线与 front 背景板对齐，两个背景板之间呈现 T 字形，如图 8-4 所示。

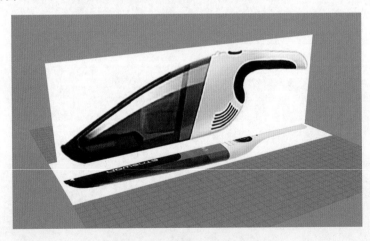

图8-4　背景板的相对位置

8.1.2 背景板的属性设置

在"图层"面板中创建一个 back 图层，将两个背景板放置到该图层中，如图 8-5 所示。在"材质"面板中将两个背景板的"物件透明度"设置为 60% 左右，如图 8-6 所示。最后，在"图层"面板中将 back 图层锁定。

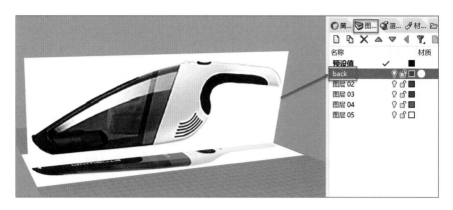

图8-5　设置背景板图层

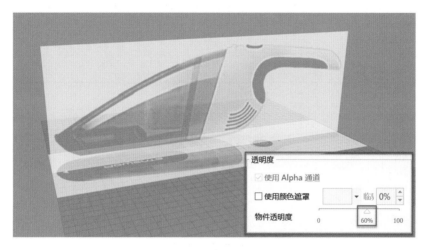

图8-6　背景板透明度设置

8.2　轮廓曲线的创建

本节将依据背景图创建机身横向和纵向的轮廓曲线，用到的环节有曲线绘制、拟合曲线、断面轮廓线、工作平面设置、曲线编辑等。

8.2.1　轮廓曲线的创建

在 Front 视图，参考背景板，绘制吸尘器壳体上下边缘的轮廓曲线。控制点要尽可能的少，这样才能保证曲线的平顺，如图 8-7 所示。

在 Top 视图，参考背景板，绘制吸尘器壳体右侧平面轮廓曲线，如图 8-8 所示。

选择上述右侧轮廓曲线，执行 Mirror（镜像）命令，以上轮廓曲线的两个端点为镜像平面，将其镜像到左侧，成为左侧平面轮廓曲线，如图 8-9 所示。

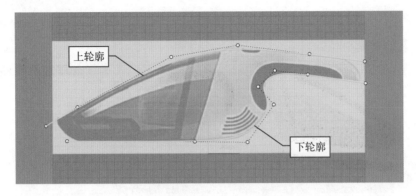

图8-7　创建上下轮廓曲线

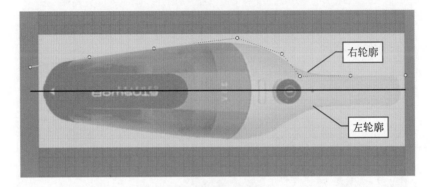

图8-8　绘制右侧轮廓曲线

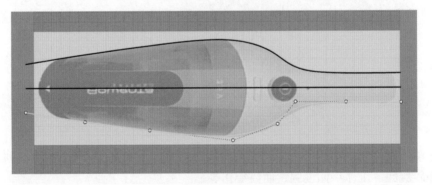

图8-9　镜像生成左侧轮廓曲线

8.2.2　拟合轮廓曲线

　　上一小节创建的吸尘器壳体左侧和右侧轮廓曲线，其实是两条轮廓的平面投影，并非真正的空间曲线，还不能作为建模的依据，如图 8-10 所示。

　　在 Front 视图，采用控制点曲线工具，绘制一条曲线作为侧面轮廓曲线在前视图方向的投影，如图 8-11 所示。

　　执行 Crv2View（从两个视图的曲线）命令，分别选择左侧轮廓曲线和上述前视图投影曲线，拟合生成空间侧面轮廓曲线，如图 8-12 所示。

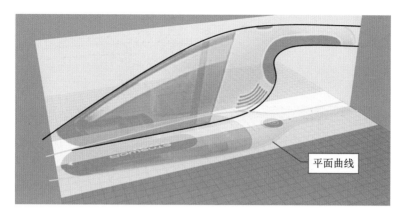

图8-10　平面曲线示意图

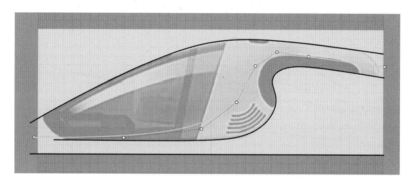

图8-11　绘制前视图投影

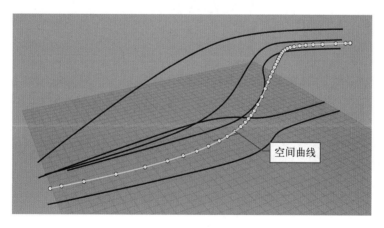

图8-12　拟合生成空间轮廓曲线

　　目前，空间轮廓曲线上的控制点数量太多，可适当精简。执行Rebuild（重建曲线）命令，将控制点数量设置为12，重建的结果如图8-13所示。

　　目前，空间轮廓曲线上的控制点还是不够精简，可以采用手动方式做进一步优化处理。选择图8-14中的3个控制点，将其删除。

　　执行Mirror（镜像）命令，将上述空间侧面轮廓曲线沿X轴复制并镜像，成为右侧空间轮廓曲线，如图8-15所示。

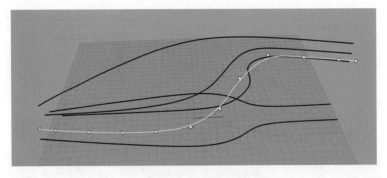

图8-13　重建曲线

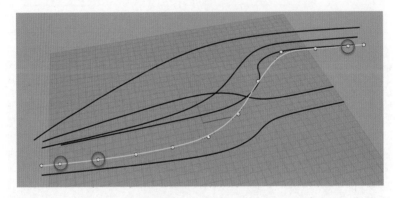

图8-14　删除控制点

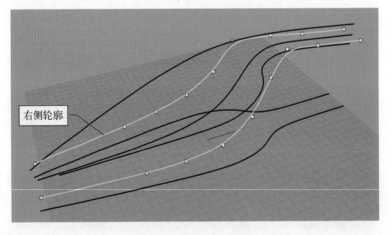

右侧轮廓

图8-15　复制镜像轮廓曲线

8.3　断面线的创建和编辑

　　上一节完成了吸尘器壳体纵向轮廓曲线的创建，但是仅靠这几条纵向的轮廓曲线还不足以准确表现壳体的外形，还需要补充横向的断面线。本节将创建吸尘器壳体的横断面曲线，使用到的工具有断面轮廓线、工作平面设置、曲线编辑等。

8.3.1 断面曲线的创建

首先，将图 8-10 和图 8-11 中所绘制的 3 条平面轮廓曲线隐藏，视图中只保留 4 条空间轮廓曲线。

执行 CSec（从断面线轮廓建立曲线）命令，在命令行设置"封闭＝是"。按照一个方向顺序选择 4 条轮廓曲线，如图 8-16 所示是其中的一种选择顺序。

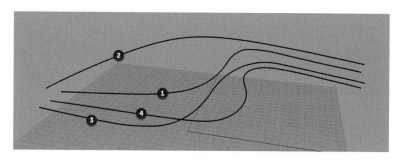

图8-16 一种选择顺序

显示背景图，在 Front 视图，参照背景图，在壳体纵向轮廓曲线上插入 5 个断面，如图 8-17 所示。

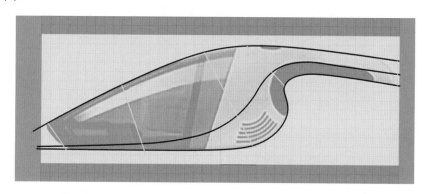

图8-17 插入5个断面

8.3.2 断面曲线的编辑1

上一小节完成了吸尘器壳体断面曲线的创建，但是断面线的形态还不完全符合要求，需要做进一步编辑优化。

目前 5 个断面空间透视形态如图 8-18 所示。为了便于区别，为每个断面线都加上了编号。

图 8-18 中，除了 5 号断面，其他 4 个断面曲线都有一定的问题。1～4 号断面的共同问题是，顶部的弧度半径较小，不够圆润。

3 号和 4 号断面的底部弧度过大，1 号和 2 号断面的底部有点儿向内凹陷，如图 8-19所示。

对 1 号断面进行编辑优化。首先用左右两个侧面轮廓曲线和上轮廓曲线将 1 号断面分割成 3 段，如图 8-20 所示。

同时选中上方的两端曲线，采用操作轴缩放工具，将最上方的一排顶点横向拉开，使断面顶部的弧度变大，如图 8-21 所示。

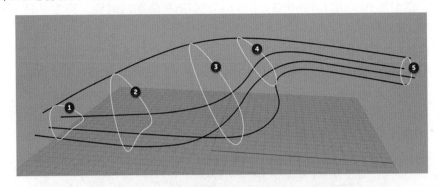

图8-18　5个断面的透视形态

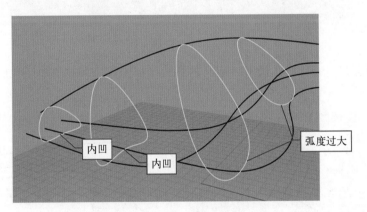

图8-19　断面线的问题

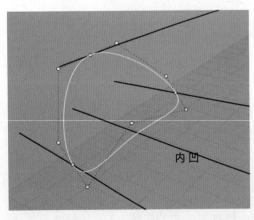

图8-20　分割断面曲线

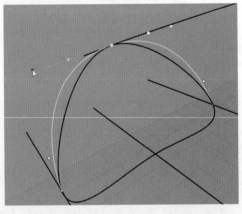

图8-21　编辑顶部轮廓

　　接下来，编辑 1 号断面的底部轮廓曲线。由于这条曲线是分布在一个倾斜的平面上，如果在当前坐标系操作，会造成曲线扭曲，因此需要将工作平面设置成与曲线完全贴合。

　　执行 CPlane（设置工作平面至物件）命令，单击 1 号断面底部轮廓曲线，将工作平面设置为与该曲线共面，如图 8-22 所示。

用壳体下轮廓曲线将 1 号断面的底部轮廓分割成左右两半，再用操作轴工具编辑两个底部轮廓曲线上的控制点，使这段曲线的底部平直，两端形成较小的圆角。最终，将 1 号断面编辑成一个带有圆角的半圆形，如图 8-23 所示。

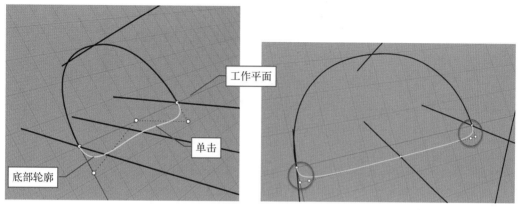

图8-22　重新设置工作平面　　　　　　　　　　图8-23　编辑底部轮廓曲线

将构成 1 号断面的所有轮廓曲线重新组合起来，形成一条完整的曲线。

8.3.3　断面曲线的编辑2

本小节将继续编辑 2 号和 3 号断面曲线，其编辑方法与上一小节 1 号断面相同。

首先执行 CPlane（设置平面）命令，拾取 2 号断面曲线，使工作平面与该曲线重合。再用 4 条纵向轮廓曲线分割 2 号断面曲线，将其分割成 4 段，如图 8-24 所示。

采用操作轴上的缩放工具，编辑 2 号断面上半部分的 4 个控制点，将其编辑为一个接近半圆的形状，如图 8-25 中红圈处所示。

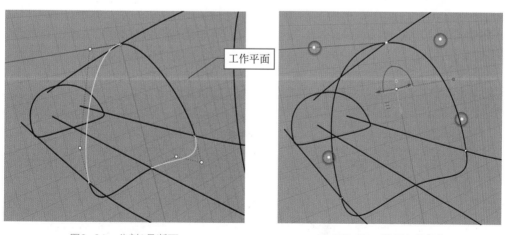

图8-24　分割2号断面　　　　　　　　　　图8-25　编辑上半部分

继续编辑底部轮廓曲线，使其底部平直，两端形成较小的圆角，如图 8-26 所示。

将 2 号断面的所有轮廓曲线组合成一个整体。

编辑 3 号断面。首先把工作平面设置为与该曲线共面，再用上下两条轮廓曲线将 3 号断面分割成左右两半。

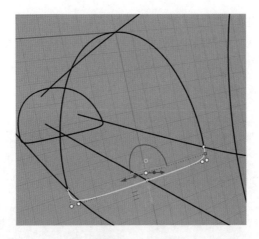

图8-26　编辑底部轮廓曲线

采用操作轴编辑控制点，使其上半部分弧度加大，下半部分较为平直，图 8-27 所示为编辑前后的形态对比。

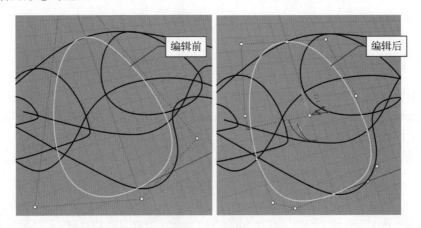

图8-27　3号断面编辑前后对比

将 3 号断面的所有轮廓曲线组合成一个整体。

采用相同的方法编辑 4 号断面，编辑前后对比如图 8-28 所示。

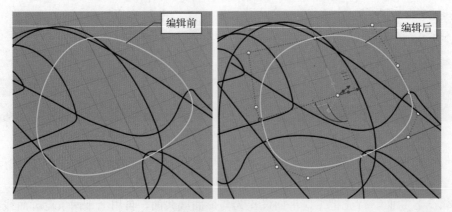

图8-28　4号断面编辑前后对比

将 4 号断面的所有轮廓曲线组合成一个整体。

8.4 创建壳体曲面

上一节完成了吸尘器壳体几个横向断面轮廓曲线的创建，至此构建壳体曲面所需的轮廓曲线已经全部创建完成。本节将利用这些曲面创建壳体曲面，并添加若干细节，使用到的工具有网线成面、曲线创建、分割曲面等。

8.4.1 壳体曲面的创建

全选所有轮廓曲线，执行 NetworkSrf（从网线建立曲面）命令，在弹出的"以网线建立曲面"对话框中，采用默认设置，单击"确定"按钮，生成吸尘器壳体曲面，如图 8-29 所示。

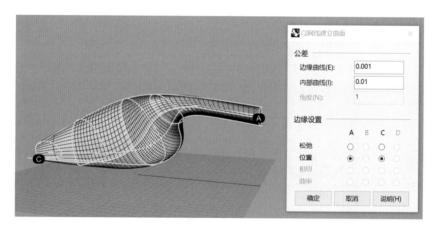

图8-29 生成壳体曲面

在"图层"面板中建立一个 curves 图层，将所有轮廓曲线放置到该图层，关闭该图层的显示，如图 8-30 所示。

选中壳体曲面，在"属性"面板中取消勾选"显示曲面结构线"选项，吸尘器壳体曲面如图 8-31 所示。

图8-30 curves图层

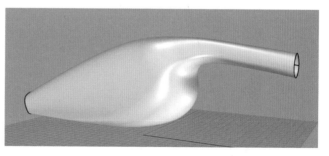

图8-31 吸尘器壳体曲面

接下来，可以用斑马线或者环境贴图工具对壳体模型做检测，图 8-32 为环境贴图检测。

如果发现壳体曲面有问题，可以重新编辑轮廓曲线并再次生成曲面，直到满意为止。

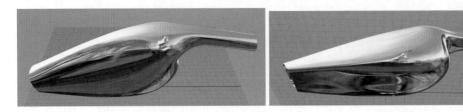

图8-32　环境贴图检测曲面质量

8.4.2　壳体曲面的分割

吸尘器机身壳体创建完成之后，将开始创建机身上的各种细节。本小节将分割机身壳体，为后续细节和部件的创建做好准备。

打开背景图，在 Front 视图，采用直线绘制工具，参照背景图绘制两条直线，分别是集尘罩开口和壳体上的分界线，如图 8-33 所示。

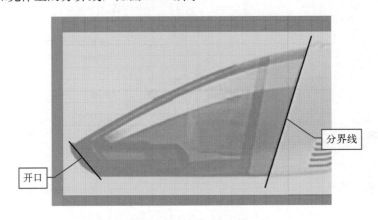

图8-33　绘制两条直线

采用控制点曲线工具，参考背景图绘制两条曲线，分别是把手尾部的轮廓曲线和防滑硅胶的分界线，如图 8-34 所示。

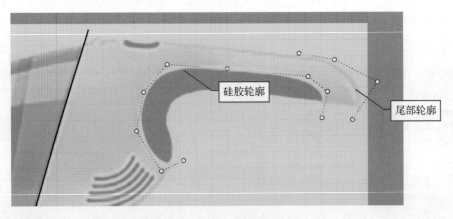

图8-34　绘制两条轮廓曲线

采用圆形绘制工具，在 Top 视图，参考背景图中开关图案绘制一个圆形，作为开关开孔的轮廓曲线，如图 8-35 所示。

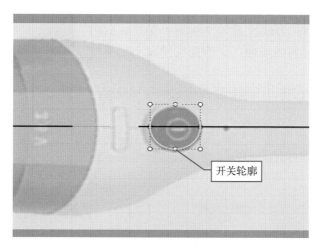

图8-35　绘制开关开孔曲线

用图 8-33 中绘制的两条直线和图 8-34 中的防滑硅胶轮廓曲线分割机身壳体曲面，将机身壳体分割成 4 块曲面。为了便于区别，给其中 3 个曲面分配不同的图层，并指定不同的颜色，结果如图 8-36 所示。

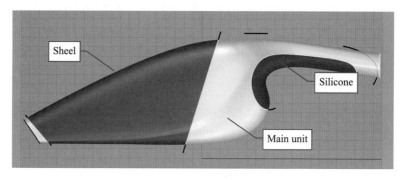

图8-36　各曲面的图层分配

将集尘罩外侧切割下来的半环形曲面删除，如图 8-37 所示。

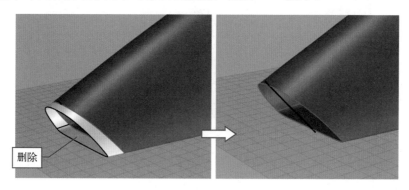

图8-37　删除无用曲面

8.4.3 把手端面的创建

选中把手端面轮廓曲线，执行 ExtrudeCrv（直线挤出）命令，在命令行将挤压方式设置为"两侧＝是"，同时朝两侧直线挤出轮廓曲线成面，面的宽度稍大于把手端面，如图 8-38 所示。

采用修剪工具，在挤出面和把手曲面之间互相修剪，形成端面，如图 8-39 所示。

执行 FilletSrf（曲面圆角）命令，将圆角半径设置为 2mm，在把手端面和把手曲面之间生成过渡圆角，如图 8-40 所示。

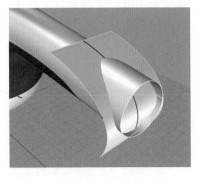

图8-38 挤出轮廓曲线成面

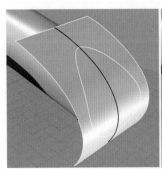 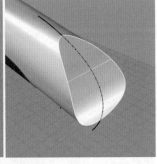

图8-39 修剪形成端面

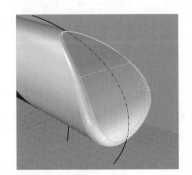

图8-40 创建过渡圆角

8.4.4 电源按钮的创建

采用显示操作，视图中只保留图 8-35 绘制的电源按钮轮廓曲线和主机壳体曲面，将按钮轮廓曲线移动到把手正上方，如图 8-41 所示。

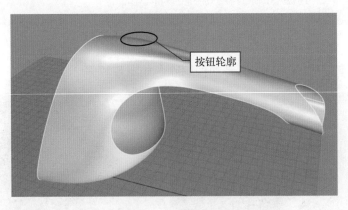

图8-41 显示主机壳体和电源按钮轮廓

选中按钮轮廓曲线，执行 ExtrudeCrv（直线挤出）命令，向下（主机壳体方向）生成圆筒状挤出面，其下端面应稍插入壳体内部，如图 8-42 所示。

用上述圆筒形曲面分割主机壳体曲面，再将分割开的圆形曲面向上移动 2mm，如

图 8-43 所示。

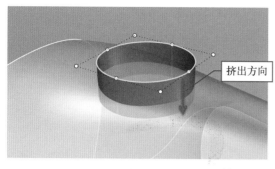

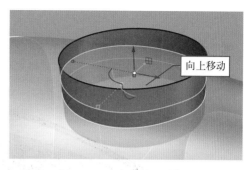

图8-42　挤出轮廓曲线成面

图8-43　向上移动圆形曲面

　　采用修剪工具，用圆形曲面修剪挤出面，将上方的面删除。执行 FilletSrf（曲面圆角）命令，将圆角半径设置为 0.75mm，在圆形曲面和挤出面之间生成过渡圆角。圆形曲面、过渡圆角和下方的挤出面共同构成电源按钮模型，如图 8-44 所示。

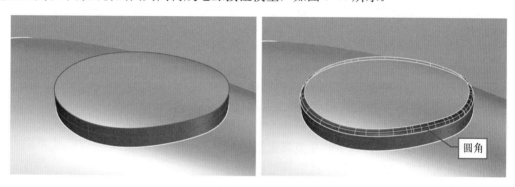

图8-44　修剪和圆角过渡

　　接下来，处理壳体上的开孔边缘。首先，选中开孔的边缘，执行 ExtrudeCrv（直线挤出）命令将其向内部挤出成面。再执行 FilletSrf（曲面圆角）命令，将圆角半径设置为 0.75mm，在挤出面和壳体之间生成过渡圆角，如图 8-45 所示。

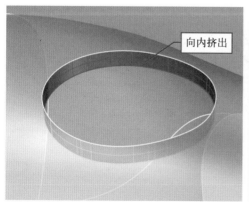

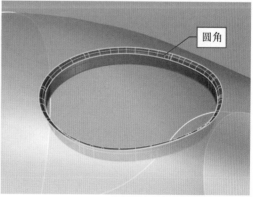

图8-45　壳体开孔的编辑

8.5 出风口的创建

本节将创建吸尘器主机壳体上的一个重要结构——出风口。出风口位于主机壳体的下方，其外形是 5 条放射状的弧形槽。图 8-46 红框中即为出风口。

图8-46 出风口的位置和形状

创建出风口使用到的主要工具有圆弧绘制、偏移曲线、曲线修剪、圆管创建等。

8.5.1 圆弧的创建

打开背景图，在Front视图中，采用三点圆弧工具，参照内侧圆弧图案，分别指定其起点、终点和通过点，创建一条圆弧，如图 8-47 所示。

第一条圆弧创建完成，剩下的 4 条圆弧都是与之平行的，因此可以采用曲线偏移工具进行创建。

执行 Offset（曲线偏移）命令，在命令行单击"通过点"按钮，参考背景图指定第 2 条圆弧的位置。两条圆弧创建完成，如图 8-48 所示。

以此类推，将剩下的 3 条圆弧也创建出来，结果如图 8-49 所示。

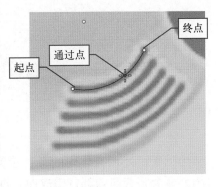

图8-47 创建三点圆弧

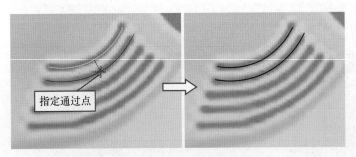

图8-48 偏移曲线创建第2条圆弧

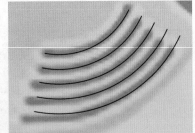

图8-49 创建5条圆弧

8.5.2 圆弧的编辑

上一小节完成了 5 条同心圆弧的创建，但是有的圆弧还有缺陷，如图 8-50 所示。有的端点过长，超出了背景图；而有的端点则过短。本小节将对这些圆弧做编辑处理。

　　首先处理右侧圆弧过长的情况。打开"端点"和"最近点"捕捉，采用直线绘制工具，捕捉第一条圆弧的右侧端点和第五条圆弧背景图最右侧的最近点，绘制一条直线，如图 8-51 所示。

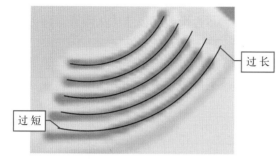

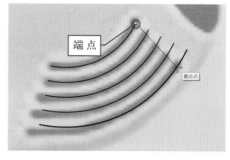

图8-50　圆弧的缺陷　　　　　　　　　　　　图8-51　绘制一条直线

　　采用修剪工具，用上述直线修剪第 2 ～ 5 条圆弧，将右侧超出部分修剪掉，如图 8-52 所示。

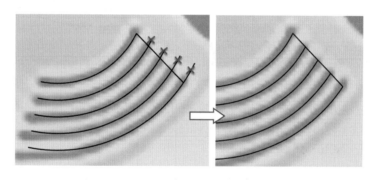

图8-52　修剪圆弧超出部分

　　几条圆弧左侧的问题是长度不够，需要做延伸处理。首先参考背景图绘制一条直线作为延伸的边界，如图 8-53 所示。

　　执行 ExtendDynamic（延伸曲线）命令，在命令行单击"至边界"按钮，单击上一步绘制的直线作为延伸的边界，再逐一单击需要延伸的弧线端点，将弧线延伸到边界线上，如图 8-54 所示。

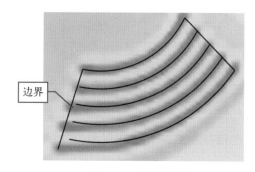

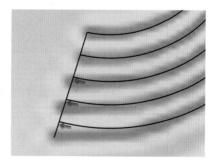

图8-53　绘制延伸边界　　　　　　　　　　图8-54　延伸弧线到边界

8.5.3 圆管的创建

　　显示机身壳体曲面，在 Front 视图，执行 Project（投影曲线）命令，先选择 5 条圆弧，再选择机身壳体曲面。5 条弧线被同时投影到机身壳体两侧，图 8-55 的红色框中即为投影曲线。将机身壳体上某一侧的 5 条投影线删除，只保留一侧即可。

　　由于出风口开槽的两端是半圆形的，因此需要利用投影曲线创建球头圆管，再用这种圆管切割机身壳体，即可形成半圆形开槽。

　　执行 Pipe（圆管）命令，在命令行，将加盖形式设置为"加盖＝圆头"，圆管半径为1mm。选择一条弧线作为生成圆管的路径，生成的球头圆管如图 8-56 所示。

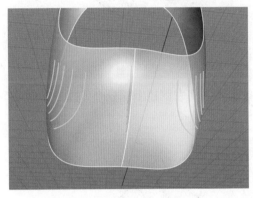
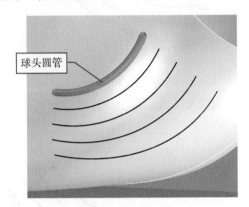

球头圆管

图8-55　壳体两侧的投影　　　　　　　　　图8-56　创建球头圆管

　　采用相同参数和设置，将另外 4 条弧线上的圆管也创建出来，如图 8-57 所示。

　　选择上述 5 个球头圆管，采用镜像工具，以壳体的中轴线为镜像平面，将圆管复制镜像到壳体另一侧，如图 8-58 所示。

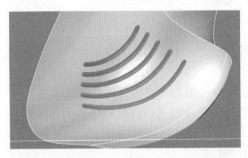
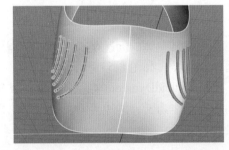

图8-57　创建4个圆管　　　　　　　　　图8-58　复制镜像圆管

8.5.4 创建出风口

　　采用分割工具，用上一小节创建的圆管分割机身壳体曲面，将圆管删除或隐藏，机身壳体上被分割出 5 个弧形半圆头曲面，如图 8-59 所示。

　　采用操作轴上的移动工具，将被分割开的 5 个弧形曲面向壳体内部移动 1mm，如图 8-60 所示。

　　执行 Loft（放样）命令，在弧形曲面和壳体曲面之间放样，形成立体的凹槽结构，如

图 8-61 所示。

在光线跟踪模式下，从机身壳体外侧观察出风口凹槽的结果，如图 8-62 所示。

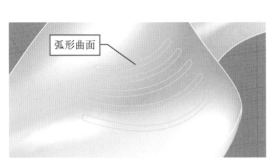

弧形曲面

图8-59 分割壳体曲面

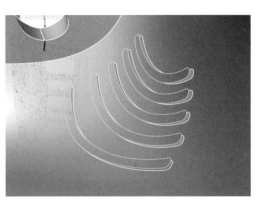

图8-60 移动弧形曲面

图8-61 放样生成凹槽

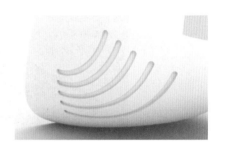

图8-62 完成的一侧出风口

对机身壳体另一侧的出风口做相同的处理，完成全部出风口的创建，如图 8-63 所示。

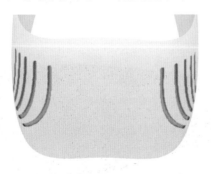

图8-63 出风口全部完成

8.6 凸台的创建

本节将创建主机上的一个重要结构——凸台。凸台和主机连为一体，用于安装内部的风机，也有固定集尘罩的作用。同时主机还通过凸台和滤网相连接，如图 8-64 所示。

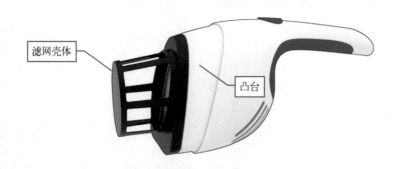

图8-64　主机凸台

8.6.1　偏移曲面

为了便于操作和观察，采用显示操作，视图中保留集尘罩和主机模型，其余模型都隐藏，如图 8-65 所示。

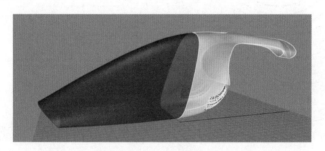

图8-65　显示集尘罩和主机

选中集尘罩壳体曲面，执行 OffsetSrf（曲面偏移）命令，将偏移方向设置为向内，偏移距离为 2mm，如图 8-66 所示。

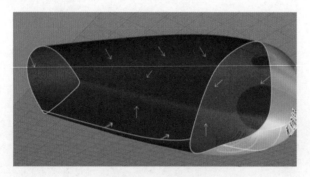

图8-66　曲面偏移设置

将集尘罩原壳体隐藏，只保留偏移曲面，如图 8-67 所示。

显示背景图，在 Front 视图中参考背景图绘制两条倾斜的平行直线，作为凸台和滤网的断面线，如图 8-68 所示。

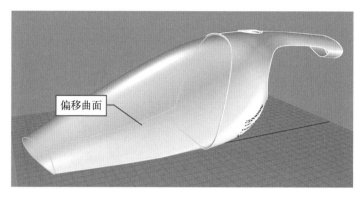

图8-67　显示偏移曲面

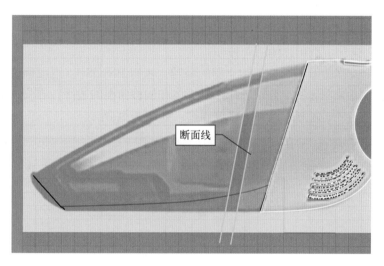

图8-68　绘制两条断面线

　　采用分割工具，在 Front 视图，用上述平行直线分割偏移曲面，将其分割成 3 段。将左侧的曲面删除，如图 8-69 所示。

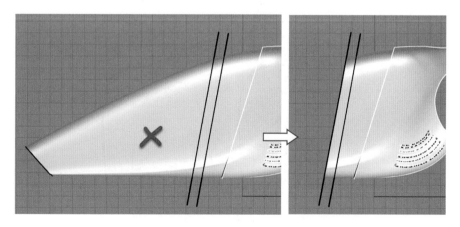

图8-69　分割偏移曲面

　　将中间的环状曲面暂时隐藏，如图 8-70 所示。这个曲面后面将用于创建滤网。

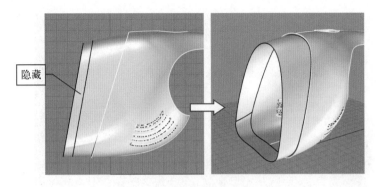

图8-70　隐藏环状曲面

8.6.2　凸台的创建

本小节将创建和主机相连的凸台模型。

首先，封闭偏移曲面和主机壳体之间的缝隙。执行 BlendSrf（混接曲面）命令，在命令行单击"连续边缘"选项，分别选择主机壳体和偏移曲面的边缘，在弹出的"调整曲面混接"对话框中，将过渡方式设置为"位置"，如图 8-71 所示。

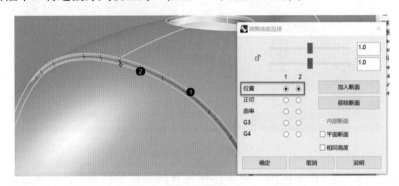

图8-71　混接曲面设置

执行 PlanarSrf（以平面曲线建立曲面）命令，选择偏移曲面左侧的开口边缘，生成平面端盖，如图 8-72 所示。

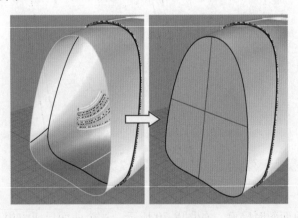

图8-72　生成平面端盖

执行 Join（组合）命令，将端盖、偏移曲面、混接曲面和主机壳体组合成一个整体。

执行 FilletEdge（边缘圆角）命令，在端盖和偏移曲面、混接曲面和主机壳体之间创建过渡圆角，圆角半径为 0.5mm，结果如图 8-73 所示。

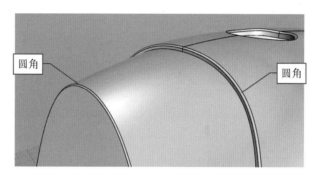

图8-73　凸台上的两处过渡圆角

8.7　滤网的创建

滤网的功能是用于安装过滤材料，防止灰尘进入风机。滤网模型由底座和与之相连的圆台构成。圆台侧面带有 6 个圆角窗口，用于安装滤材，如图 8-74 所示。

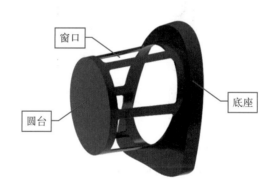

图8-74　滤网壳体

8.7.1　滤网壳体的创建

将图 8-70 中隐藏的环状曲面显示出来，该曲面即为滤网模型的初始模型。创建一个图层，命名为 filter，将该曲面放置到这个图层，如图 8-75 所示。

执行 PlanarSrf（以平面曲线建立曲面）命令，选择环形曲面左侧的开口边缘，生成平面端盖，如图 8-76 所示。

在 Right 视图，采用画圆工具，绘制两个与端盖居中对齐、底部相切的圆，半径分别为 37mm 和 32mm，如图 8-77 所示。

在 Front 视图，移动上述两个圆形，将半径为 32mm 的圆移动到环形曲面的左侧，半径为 37mm 的圆移动到环形曲面的右侧。具体位置如图 8-78 所示。

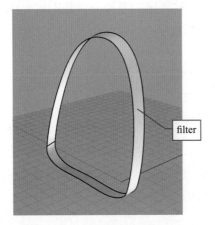

图8-75 滤网初始模型

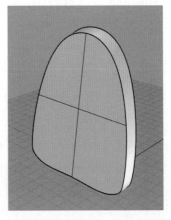

图8-76 创建平面端盖

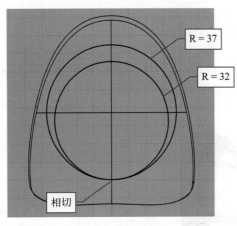

图8-77 绘制两个圆形

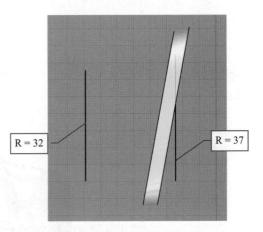

图8-78 两个圆形的位置

执行 Loft（放样）命令，在两个圆之间放样，生成一个管状曲面，如图 8-79 所示。

采用修剪工具，在端盖和圆管曲面之间相互修剪，形成一个贯通的壳体，如图 8-80 所示。

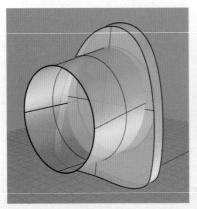
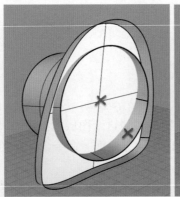
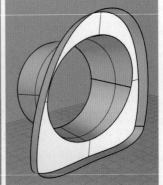

图8-79 放样生成圆管

图8-80 修剪曲面

8.7.2 线框的创建

本小节将创建滤网壳体上的 6 个小窗口。小窗口在圆周上六等分分布，带有圆角。本小节首先创建六边形线框。

将图 8-78 中绘制的两个圆形单独显示。采用多边形绘制工具，在两个圆中各绘制一个外接的正六边形。再用直线绘制工具，捕捉六边形的端点，绘制 6 条直线，将两个六边形对应的顶点连接起来，如图 8-81 所示。

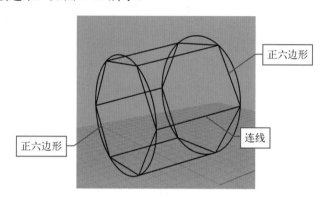

图8-81　绘制六边形和连线

将图 8-68 中绘制的倾斜平行线显示出来，在 Front 视图，将其中一条水平移动到端盖的左侧，在半径为 32mm 的圆右侧绘制一条垂直线，如图 8-82 所示。

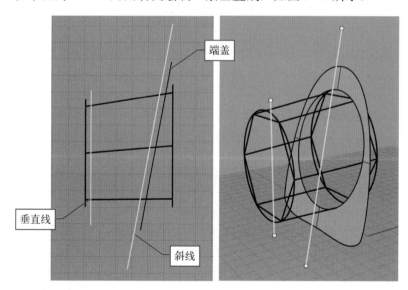

图8-82　创建两条直线

在 Front 视图，采用修剪工具，用上述两条直线修剪六边形之间的连线，将两条直线之外的部分修剪掉，如图 8-83 所示。

采用直线绘制工具，打开"端点"捕捉，在修剪之后的六边形连线两端绘制两个六边形，如图 8-84 所示。

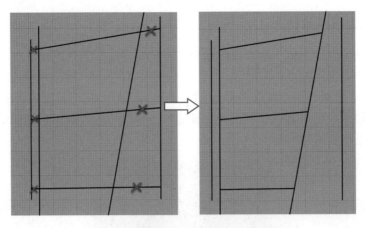

图8-83 修剪直线

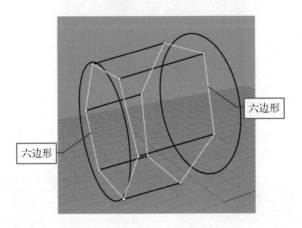

六边形

六边形

图8-84 绘制两个六边形

8.7.3 圆角四边形的创建

执行 PlanarSrf（以平面曲线建立曲面）命令，在六边形的连线之间生成 6 个四边形平面，如图 8-85 所示。

将操作轴的坐标设置为"对齐物件"，激活属性栏上的"锁定格点"。选中一个四边形面，以其几何中心为基准点，等比例缩小 4mm，如图 8-86 所示。

以此类推，将所有的四边形面都等比例缩小4mm，结果如图 8-87 所示。

执行 DupBorder（复制边框）命令，单击任意一个四边形面，即可将其边框复制出来。依此类推，将 6 个四边形面的边框全部复制下来。最后，把 6 个四边形面删除或隐藏，只留下 6 个四边形线框，如图 8-88 所示。

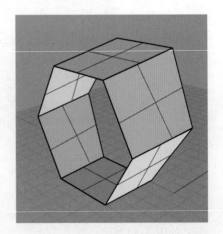

图8-85 创建6个平面

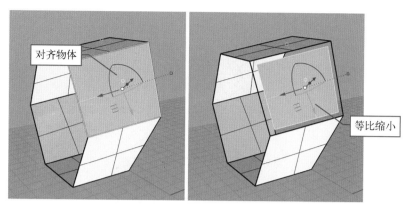

图8-86　等比例缩小四边形面

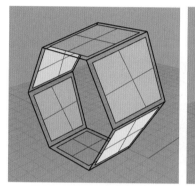

图8-87　缩小所有四边形面

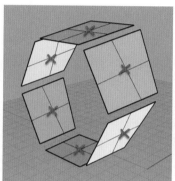

图8-88　复制边框

执行 Fillet（曲线圆角）命令，将半径设置为 3mm，对 6 个四边形线框的 4 个角做圆角处理，结果如图 8-89 所示。

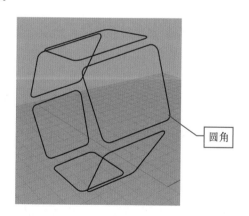

图8-89　四边形的圆角处理

8.7.4　创建窗口

执行 ExtrudeCrv（直线挤出）命令，对 6 个圆角线框做向外挤出操作，挤出高度 10mm，生成 6 个带有圆角的方管，如图 8-90 所示。

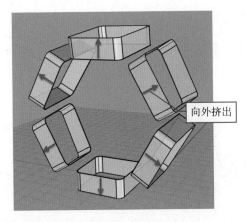

图8-90　四边形的挤出

将图 8-79 所创建的圆管显示出来，采用分割工具，用上述 6 个方管切割圆管，再将
方管和圆管上被分割开的曲面删除，形成 6 个带有圆角的开孔，如图 8-91 所示。

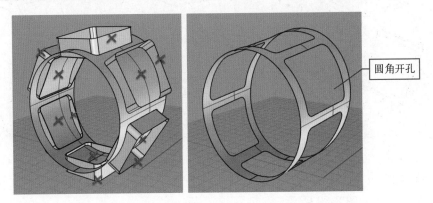

图8-91　修剪形成圆角开孔

对上述圆管曲面，执行 OffsetSrf（曲面偏移）命令，将偏移方向设置为向内，偏移距
离为 2mm，偏移结果如图 8-92 所示。

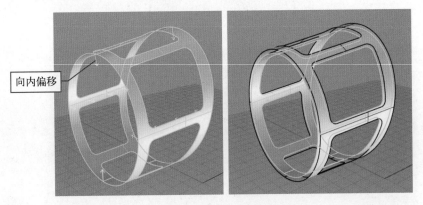

图8-92　向内偏移曲面

执行 BlendSrf（混接曲面）命令，在命令行单击"连锁边缘"按钮，在内外两个壳体
对应窗口边缘之间创建混接曲面，"调整曲面混接"对话框设置如图 8-93 所示。

对另外 5 个窗口边缘也做相同操作，结果如图 8-94 所示。

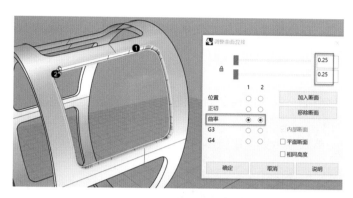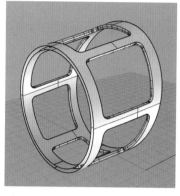

图8-93　混接曲面设置　　　　　　　　　　　图8-94　窗口边缘的混接曲面

在 Front 视图圆管端面右侧 2mm 的位置，绘制一条垂直线，其宽度要稍大于圆管端面的直径。再用这条直线修剪内部的偏移曲面，将其端面修剪整齐，如图 8-95 所示。

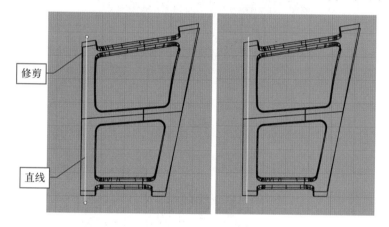

图8-95　修剪偏移曲面

执行 PlanarSrf（以平面曲线建立曲面）命令，在偏移圆管的端面和外部圆管壳体的端面分别创建平面端盖，将圆台体完全封闭，如图 8-96 所示。

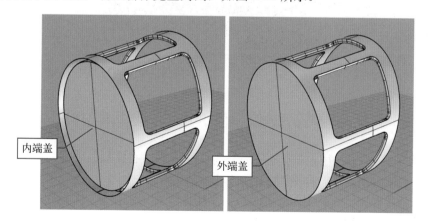

图8-96　创建内外端盖

8.8 集尘罩的创建

目前集尘罩已经创建了外壳模型，本节将对其做深化处理，生成其厚度，并创建细节。

8.8.1 偏移曲面的处理

本小节将创建集尘罩壳体的偏移曲面，并对该曲面做优化处理，为形成集尘罩的厚度做好准备。

首先，在视图中屏蔽其他模型，单独显示集尘罩壳体模型，如图 8-97 所示。

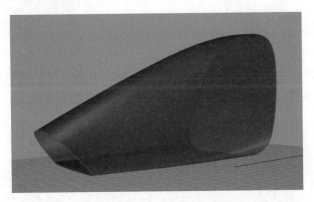

图8-97 集尘罩模型

选择集尘罩壳体模型，执行 OffsetSrf（偏移曲面）命令，向内偏移 2mm，如图 8-98 所示。

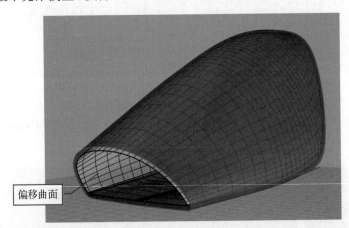

偏移曲面

图8-98 创建偏移曲面

如果放大偏移模型，观察其开口处的底部转角，会发现转角处的面带有 S 形的褶皱，如图 8-99 所示。

图 8-99 中偏移曲面转角处的褶皱是一个明显的缺陷，必须加以处理、修复。根据本案例的情况，可以采用修剪、补面的方法来修复这个缺陷。

单独显示偏移曲面，执行 ExtractIsoCurve（抽离结构线）命令，在偏移曲面转角两侧各抽离一条纵向的结构线，如图 8-100 所示。

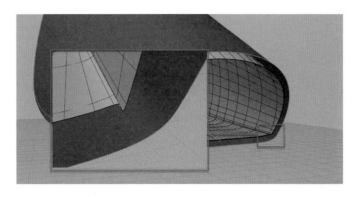

图8-99　转角处的褶皱面

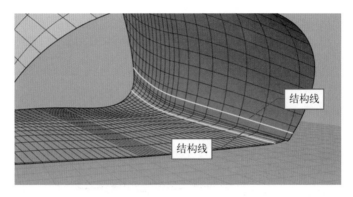

图8-100　抽离两条结构线

采用上述两条抽离结构线，分割偏移曲面，将转折处有缺陷的曲面删除，生成一个缺口，如图 8-101 所示。

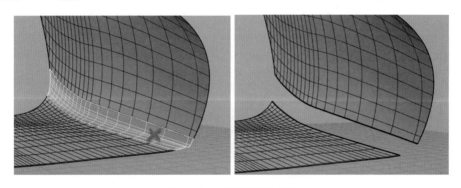

图8-101　分割并删除曲面

执行 BlendSrf（混接曲面）命令，在上述缺口两侧的曲面边缘之间创建混接曲面。"调整曲面混接"对话框的设置如图 8-102 所示。

接下来，编辑混接曲面两侧边缘的形态。按住 Alt 键编辑边缘调节手柄，使边缘平滑连接，如图 8-103 所示。

采用切割工具，将上述曲面分割成两半，删除左侧曲面。将已经处理好的右侧曲面复制镜像到左侧，形成一个完整的曲面，如图 8-104 所示。

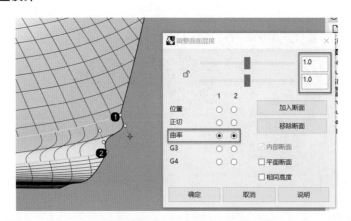

图8-102 混接曲面的设置

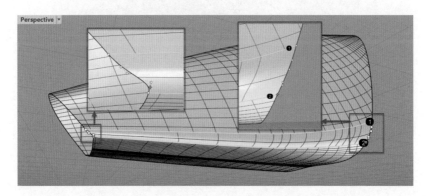

图8-103 编辑两侧边缘形态

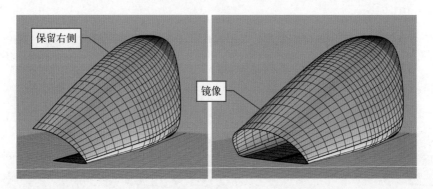

图8-104 切除和镜像曲面

8.8.2 端面的创建

本小节将创建集尘罩内外壳体之间的过渡面，使壳体成为一个带有厚度的封闭三维实体。

将集尘罩外壳显示出来，仔细观察内外两层曲面的边缘，会发现部分内部壳体边缘超出了外部壳体，有些地方内部壳体边缘小于外部壳体，如图 8-105 所示。

要创建内外壳体之间的端面，必须保证两个壳体边缘的整齐。由于外部壳体的形状是正确的，因此应使内部壳体的边缘全部超出外部壳体，才可以用外部壳体边缘对其进行修剪。对于小于外部壳体的曲面,可以使用曲面延伸工具将其延伸,使之超出外部壳体。

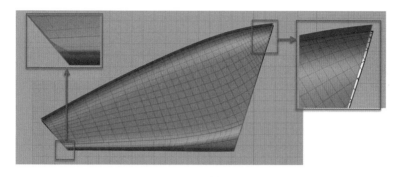

图8-105　内外壳体边缘对比

执行 ExtendSrf(延伸曲面)命令,对内部壳体两端的边缘做向外延伸操作,确保所有边缘都超出外部壳体边缘,如图 8-106 所示。

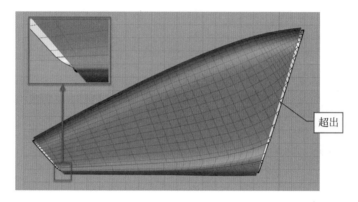

超出

图8-106　延伸曲面

执行 PlanarSrf(以平面曲线建立曲面)命令,利用外侧壳体的右侧端面轮廓生成一个平面,用这个平面与内部壳体的边缘相互修剪,形成端面的厚度,如图 8-107 所示。

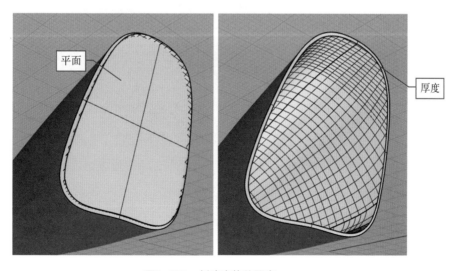

平面

厚度

图8-107　创建壳体的厚度

对入口处也做相同的处理，形成入口端壳体厚度的环形平面，如图 8-108 所示。

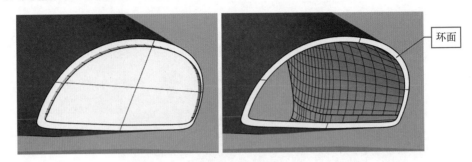

图8-108　创建入口端的厚度

将图 8-108 中的环形平面删除。执行 BlendSrf（混接曲面）命令，在内外壳体之间做混接曲面操作。"调整曲面混接"对话框的设置如图 8-109 所示。

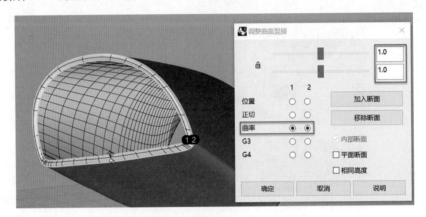

图8-109　创建入口处的混接曲面

最后，将构成集尘罩的所有曲面结合成一个整体，如图 8-110 所示。

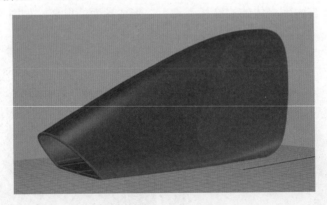

图8-110　完成的集尘罩

8.8.3　装饰面板的创建

在集尘罩壳体的上方设计有一个 U 形的装饰面板，如图 8-111 所示。本小节将创建这个面板。

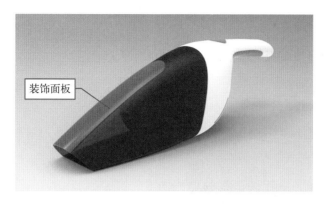

图8-111 集尘罩上的装饰面板

显示背景图，在 Top 视图中，参照背景图中的装饰面板图案，绘制一个圆形，再捕捉圆形的两个四分点，绘制两条水平直线，如图 8-112 所示。

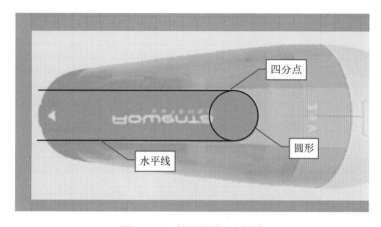

图8-112 绘制圆形和水平线

采用修剪工具，用平行线修剪圆形，形成一条 U 形曲线，如图 8-113 所示。

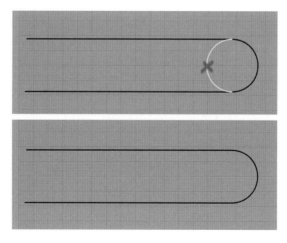

图8-113 修剪形成U形曲线

将构成上述 U 形曲线的所有曲线结合为一个整体。执行 ExtrudeCrv（直线挤出）命令，将 U 形曲线向上方挤出，确保挤出面与集尘罩壳体的上半部分完全相交，如图 8-114 所示。

执行 CreateSolid（自动建立实体）命令，先后选中 U 形挤出面和集尘罩壳体，运算结果将生成独立的 U 形盖板封闭实体，如图 8-115 所示。

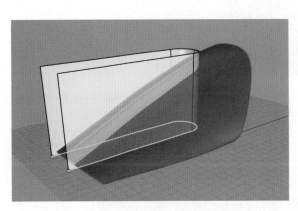

图8-114　挤出U形曲线

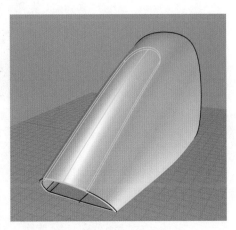

图8-115　生成U形盖板实体

吸尘器模型至此全部完成，成品模型如图 8-116 所示。

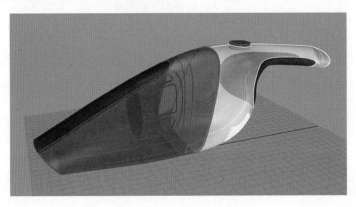

图8-116　吸尘器成品模型

扫码下载本章素材文件

第9章

壁虎饰品

本章讲解一款壁虎饰品的建模过程。这个模型属于珠宝首饰类的作品，这个作品凝固了一个壁虎爬行时的瞬间动作，造型非常生动。壁虎饰品的建模涉及的技术环节包括背景图的设置、曲线的绘制、曲线的编辑、曲面的修补和切割等。壁虎饰品的成品材质渲染图如图9-1所示。

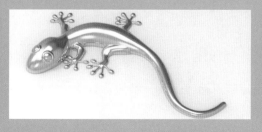

图9-1　壁虎饰品成品材质渲染图

9.1 背景板和轮廓曲线的创建

本节将导入背景图，并创建壁虎的轮廓曲线，为后续的模型创建做好准备。

9.1.1 背景图的导入

新建 Rhino 场景，将文件模板设置为"小模型 - 毫米"。

打开配套资源包中的"第 9 章 壁虎饰品"文件夹，将其中的 gecko 图像文件拖动到 Top 视图中。采用操作轴工具对背景板做缩放设置，将其高度设置为 140mm，如图 9-2 所示。

选中背景板，在"材质"面板，将"物件透明度"设置为 70% 左右，如图 9-3 所示。

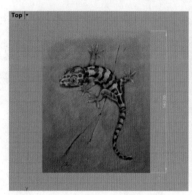
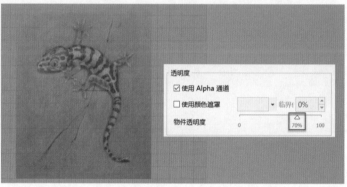

图9-2　导入背景图　　　　　　　　　　　　　　图9-3　设置背景板透明度

在"图层"面板中创建一个 back 图层，将背景板放置到这个图层，单击锁头按钮，将这个图层锁定，如图 9-4 所示。

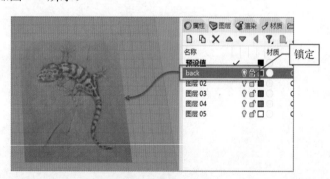

图9-4　图层设置

9.1.2 躯干轮廓曲线的创建

在 Front 视图，采用控制点曲线工具，参照背景图，沿壁虎躯干右侧的轮廓绘制一条曲线，如图 9-5 所示。

以此类推，绘制出壁虎的左侧轮廓曲线。两条曲线在头部相交，如图 9-6 所示。

目前，两条轮廓曲线在头部交汇点的曲率是不连续的，尾部也留有一个缺口，如

图 9-7 所示。

图9-5　绘制右侧轮廓曲线

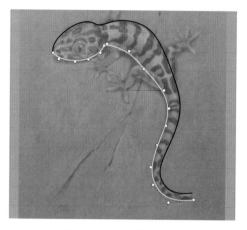

图9-6　绘制左侧轮廓曲线

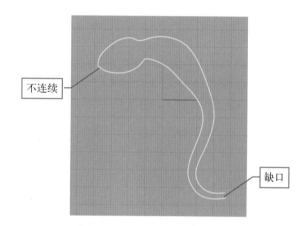

图9-7　两个需要优化的地方

　　执行 BlendCrv（可调式混接曲线）命令，分别选择尾部两侧的轮廓曲线，在弹出的"调整曲线混接"对话框中，将连续性设置为"曲率"模型，即可生成一条 U 形曲线，将两侧轮廓光滑连接起来，如图 9-8 所示。

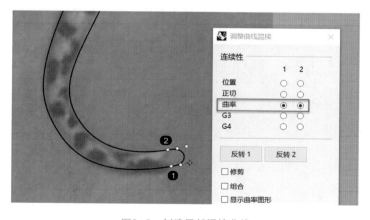

图9-8　创建尾部混接曲线

执行 Match（衔接曲线）命令，对头部两侧的轮廓曲线做曲率匹配。在"衔接曲线"对话框中的设置如图 9-9 所示。

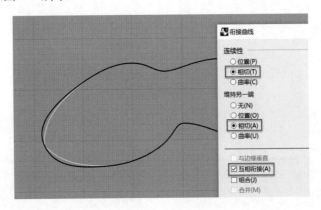

图9-9　衔接曲线设置

9.1.3　四肢轮廓曲线的创建

在 Front 视图，采用控制点曲线工具，参照背景图中右前腿的图案，绘制一条轮廓曲线，如图 9-10 所示。

以此类推，绘制出右后腿的轮廓曲线，如图 9-11 所示。

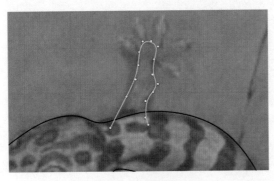　　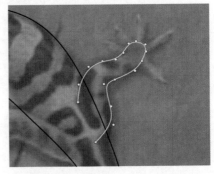

图9-10　绘制右前腿轮廓曲线　　　　　　　图9-11　绘制右后腿轮廓曲线

同样的操作，绘制出左前腿和左后腿的轮廓曲线，如图 9-12 所示。

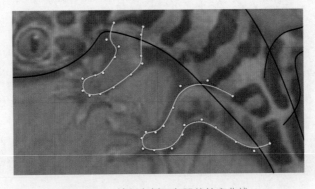

图9-12　绘制左侧两条腿的轮廓曲线

9.2　躯干和四肢曲面的创建

本节将利用上一节创建的躯干和四肢轮廓曲线，创建壁虎的躯干和四肢曲面。

9.2.1　轮廓曲线的处理

在创建躯干曲面之前，首先对轮廓曲线做编辑处理操作，使其符合曲面建模的需求。

为了方便操作，将四肢的轮廓曲线和背景板关闭显示，只保留躯干部分的轮廓曲线，如图 9-13 所示。

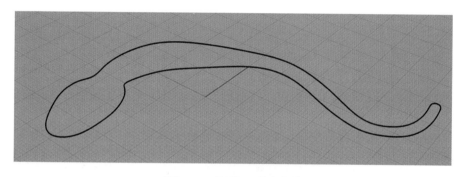

图9-13　保留躯干轮廓曲线

目前，躯干轮廓曲线分为三段——左右轮廓和尾部的一条用于混接两侧轮廓的 U 形曲线。首先，需要将 U 形混接曲线一分为二。

选中 U 形曲线，打开"中点"捕捉。执行 Split（分割）命令，在命令行单击"点"选项，在视图中 U 形曲线的中点位置插入一个点，将其分割成两段，如图 9-14 所示。

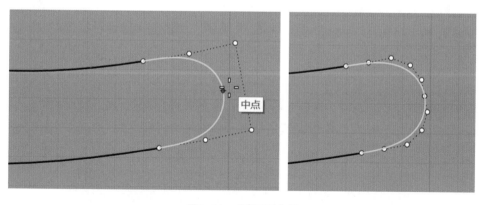

图9-14　分割U形曲线

将 U 形曲线的上半部分与右侧躯干轮廓曲线组合成一条曲线，将下半部分与左侧轮廓曲线组合成一条曲线，如图 9-15 所示。

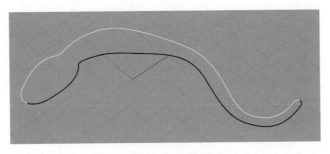

图9-15 组合曲线

9.2.2 创建截面曲线

目前，已经完成了躯干侧面轮廓的创建。要构建躯干曲面，还需要横断面曲线。作为装饰品，壁虎的躯干不需要做成椭圆形截面，只需要做成半圆形即可。

打开"最近点"捕捉，执行 Arc（圆弧）命令，采用"起点、终点、起点的方向"方式创建圆弧，捕捉两侧轮廓曲线颈部位置的两个点，创建一个垂直于工作平面的半圆弧，如图 9-16 所示。

采用同样命令，在尾部也创建一个半圆弧，如图 9-17 所示。

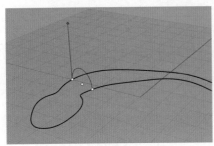
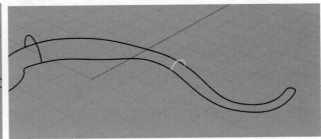

图9-16 在颈部创建一个半圆弧　　　图9-17 在尾部创建一个半圆弧

9.2.3 创建躯干曲面

执行 Sweep2（双轨扫掠）命令，按照图 9-18 所示的顺序选择轮廓曲线和点，其中 1 号和 2 号为路径，3～6 号为断面曲线，且 3 号和 6 号为轮廓曲线的端点。选择之前，需在命令行单击"点"按钮。

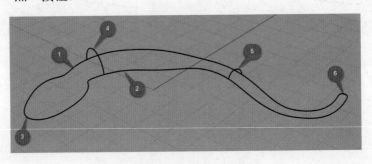

图9-18 双轨扫掠的选择顺序

扫掠生成的壁虎躯干曲面如图 9-19 所示。

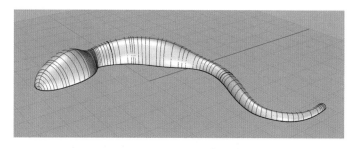

图9-19　壁虎躯干曲面

9.2.4　四肢的截面创建

将躯干曲面和所有轮廓曲线都隐藏，显示四肢轮廓曲线，如图 9-20 所示。

打开"端点"捕捉，执行 Arc（圆弧）命令，采用"起点、终点、起点的方向"方式创建圆弧。捕捉右前腿轮廓曲线开口处的两个端点，创建一个垂直于工作平面的半圆弧，如图 9-21 所示。

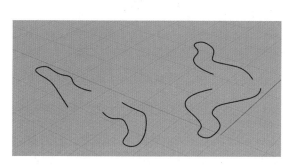

图9-20　显示四肢轮廓曲线

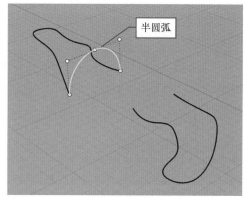

图9-21　创建右前腿断面圆弧

以此类推，在左前腿轮廓曲线的开口处也创建一个半圆弧，如图 9-22 所示。

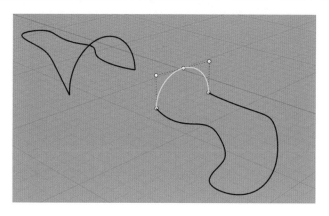

图9-22　创建左前腿断面圆弧

四肢的圆弧断面全部完成的情形如图 9-23 所示。

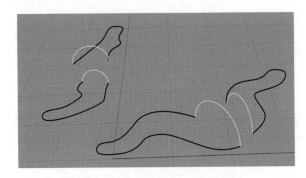

图9-23　完成的四肢断面

目前四肢的断面全部完成。由于四肢轮廓曲线的开孔大小不一，所以半圆形断面的半径也大小不一。这样会造成四肢曲面的高度不一致，因此需要做一个统一的高度匹配处理。

选择右侧两条腿和左后腿的断面圆弧，采用操作轴工具编辑上方的 3 个控制点，将这几个圆弧的高度都降低到 3.5mm 左右，如图 9-24 所示。

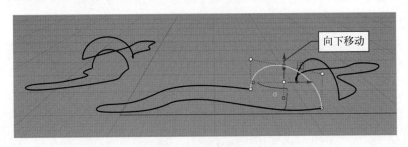

图9-24　编辑断面圆弧的高度

9.2.5　四肢曲面的创建

四肢曲面的创建仍然要使用双轨扫掠，在此之前需要对轮廓曲线做一个分割处理。

以右前腿为例，执行 Split（分割）命令，在命令行单击"点"选项，在视图中轮廓曲线中点位置（图 9-25 红圈处）插入一个点，将其分割成两段。

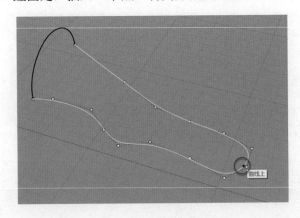

图9-25　分割轮廓曲线

执行 Sweep2（双轨扫掠）命令，按照图 9-26 所示的顺序选择轮廓曲线和点。其中 1号和 2 号为路径，3 号为轮廓曲线的端点。选择之前，需在命令行单击"点"选项。

扫掠生成的右前腿曲面如图 9-27 所示。

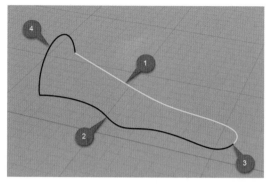

图9-26　双轨扫掠的选择顺序

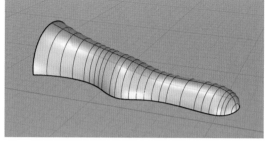

图9-27　右前腿曲面

以此类推，将另外 3 条腿的曲面也创建出来，如图 9-28 所示。

将躯干曲面显示出来，关闭所有曲面的结构线显示，结果如图 9-29 所示。

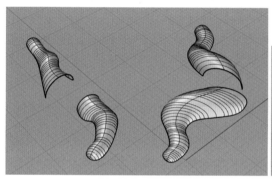

图9-28　完成的四肢曲面

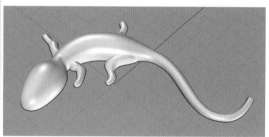

图9-29　显示躯干和四肢曲面

9.3　右前脚掌的创建

本节将以右前脚掌为例，讲解壁虎的脚掌模型，包括脚趾和连接曲面。使用到的主要工具有椭球体创建、双轨扫掠、曲面修剪、布尔运算、曲面圆角等。

9.3.1　脚趾模型的创建

壁虎的脚趾形状接近椭球体，因此可以采用椭球体模型进行模拟。

以右前腿为例，打开背景图显示，在 Front 视图，执行 Ellipsoid（椭球体）命令。参考背景图上的脚趾图案，创建一个椭球体模型。对椭球体模型做旋转和缩放，使之与背景图吻合，如图 9-30 所示。

将上述椭球体复制 4 个，移动到每个脚趾图案的上方，如图 9-31 所示。

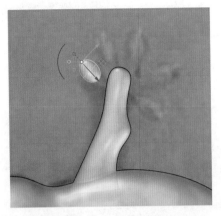

图9-30　创建椭球体

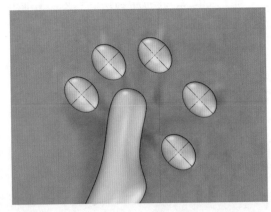

图9-31　复制椭球体

对 4 个椭球体做旋转和缩放操作，匹配背景图，如图 9-32 所示。

在 Top 视图创建一个矩形平面，其尺寸范围要大于 5 个脚趾，如图 9-33 所示。

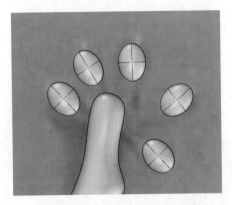

图9-32　旋转椭球体

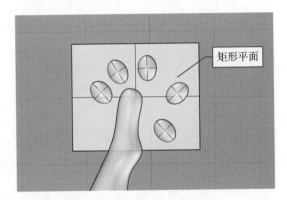

图9-33　创建矩形平面

用上述矩形平面修剪 5 个椭球体，将下半部分删除，如图 9-34 所示。

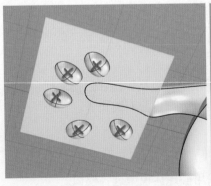
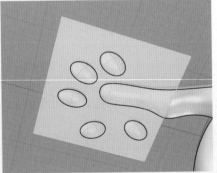

图9-34　修剪椭球体

9.3.2　创建连接曲面

本小节将创建脚趾与脚掌之间的连接曲面。

在 Top 视图，采用控制点曲线工具，参考背景图，绘制 5 组 10 条曲线，作为脚趾与脚掌连接曲面的轮廓曲线，如图 9-35 所示。

打开"端点"捕捉，执行 Arc（圆弧）命令，采用"起点、终点、起点的方向"方式创建圆弧。捕捉一组连接曲面轮廓曲线的两个端点，创建一个垂直于工作平面的半圆弧，如图 9-36 所示。

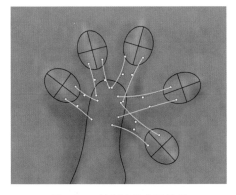

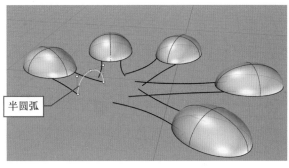

图9-35　绘制连接曲面轮廓　　　　　　　　图9-36　创建一个半圆弧

以此类推，在另外 4 组轮廓曲线的两个端点之间也创建半圆弧，如图 9-37 所示。

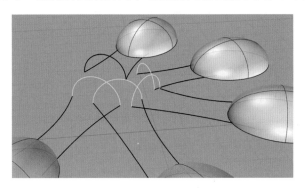

图9-37　创建另外4个半圆弧

执行 Sweep2（双轨扫掠）命令，按照图 9-38 所示的顺序选择一组轮廓曲线和相对应的断面曲线，扫掠生成连接曲面。

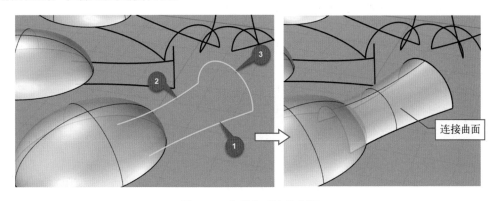

图9-38　扫掠生成连接曲面

以此类推，采用双轨扫掠工具将另外 4 个连接曲面也创建出来，如图 9-39 所示。

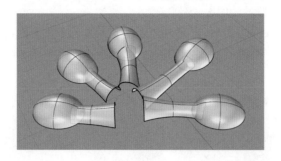

图9-39　创建另外4个连接曲面

9.3.3　曲面的融合

本小节将把脚趾、连接曲面和脚掌曲面之间融为一体，为下一步创建过渡圆角做好准备。

仍以右前腿为例。为了便于观察和操作，视图中只显示右前腿曲面、5 个脚趾和 5 个连接曲面。目前，脚掌、连接曲面和脚掌曲面之间都是互相穿插的，如图 9-40 所示。

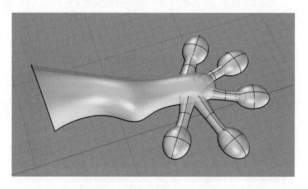

图9-40　显示右前腿所有曲面

首先对所有曲面做布尔运算操作，修剪掉互相穿插的多余曲面。执行 BooleanUnion（布尔运算联集）命令，选择一个脚趾和与其相交的连接曲面，二者互相穿插的面会被自动修剪掉，并合并为一个整体，如图 9-41 所示。

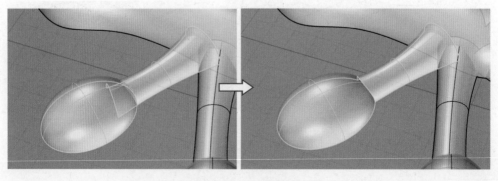

图9-41　布尔运算联集

以此类推，对另外 4 个脚趾和连接曲面也做相同操作，结果如图 9-42 所示。

图9-42　4个脚趾的联集运算

接下来，处理脚趾与脚掌之间的曲面合并。继续采用布尔运算联集工具，将一个脚趾和脚掌曲面融为一体，如图 9-43 所示。

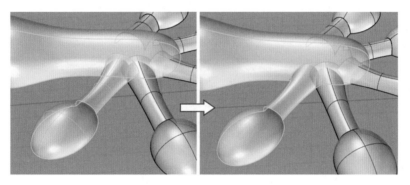

图9-43　连接脚趾和脚掌

对其余的 4 个脚趾做相同处理，至此，脚趾、连接曲面和脚掌都融为一体。从正面和反面观察的情形如图 9-44 所示。

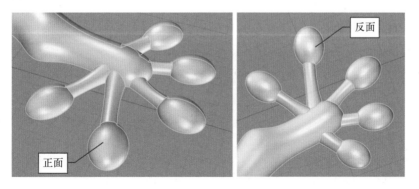

图9-44　完成布尔运算的肢体

9.3.4　创建过渡圆角

本小节将创建脚趾、连接曲面和脚掌之间的过渡圆角。

执行FilletEdge（边缘圆角）命令，将半径设置为0.3mm，选择脚趾和连接曲面的相贯线，生成二者之间的过渡圆角，如图9-45所示。

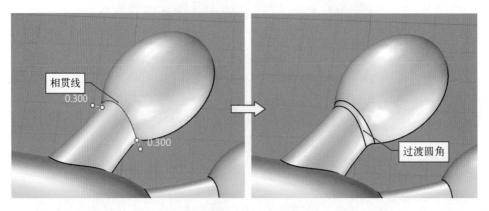

图9-45　创建过渡圆角

采用相同操作，生成另外4个脚趾和连接曲面之间的过渡圆角，如图9-46所示。

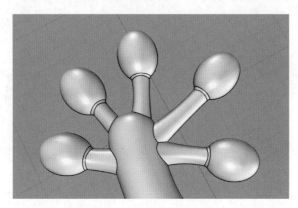

图9-46　完成所有过渡圆角

接下来创建连接曲面和脚掌之间的过渡圆角。执行FilletEdge（边缘圆角）命令，将半径设置为0.2mm，选择连接曲面和脚掌之间的相贯线，生成三者之间的过渡圆角，如图9-47所示。

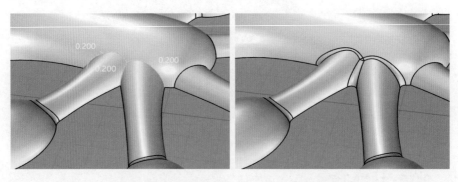

图9-47　创建连接曲面和脚掌之间的过渡圆角

在另外3个连接曲面和脚掌曲面之间也做相同的处理，生成过渡圆角，如图9-48所示。

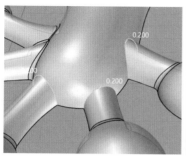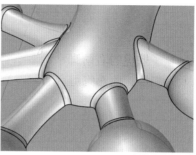

图9-48　另外3处过渡圆角

9.3.5　右前腿与躯干的对接

到上一小节，已经完成了壁虎右前腿的模型创建，本小节将把右前腿和躯干模型做对接处理。

将躯干模型显示出来，目前躯干曲面与右前腿之间也是相互穿插的关系，如图 9-49 所示。

首先，采用布尔运算联集工具将右前腿和躯干做合并处理。如果联集操作出现错误，也可以用修剪和分割工具得到相同结果，如图 9-50 所示。

执行 FilletSrf（曲面圆角）命令，圆角半径设置为1mm，在右前腿曲面和躯干之间创建过渡圆角，如图 9-51 所示。

图9-49　右前腿和躯干

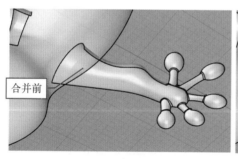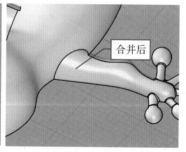

图9-50　右前腿和躯干的合并处理

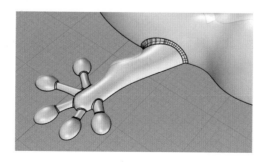

图9-51　创建过渡圆角

9.4　其余脚掌的创建

上一节，创建了壁虎的右前脚掌，本节将创建壁虎的其余肢体。使用到的主要工具有椭球体创建、双轨扫掠、曲面修剪、布尔运算、曲面圆角等。

9.4.1　左前脚掌的创建

显示背景图。参照背景图中左前脚掌图案，在 Front 视图创建一个椭球体并复制出另外 4 个，如图 9-52 所示。

参考背景图，分别旋转 5 个作为脚趾的椭球体，如图 9-53 所示。

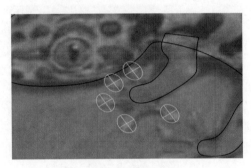
图9-52　创建5个椭球体

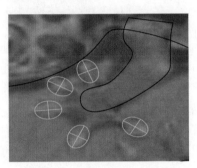
图9-53　旋转椭球体模型

采用控制点曲线工具，绘制 10 条曲线，作为连接曲面的轮廓曲线，如图 9-54 所示。

为了便于观察，只显示左前腿和相关的物件，其他物件暂时关闭显示。观察其脚掌部分，感觉脚掌的宽度不够，如图 9-55 红圈位置所示。

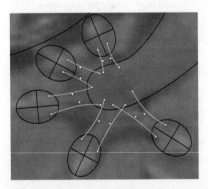
图9-54　绘制轮廓曲线

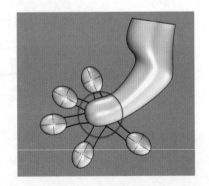
图9-55　脚掌宽度不够

选中左前腿曲面，按键盘上的 F10 键，显示其曲面控制点。观察曲面上的控制点，目前的控制点过于密集，不方便编辑，如图 9-56 所示。

执行 Rebuild（重建曲面）命令，在"重建曲面"对话框中，将 U 向的控制点数量设置为 18 左右，如图 9-57 所示。

选择脚掌上的控制点，采用操作轴工具移动控制点，编辑脚掌曲面的形态，如图 9-58 所示。

执行 Arc（圆弧）命令，采用"起点、终点、起点的方向"方式创建圆弧。在 5 组连接曲面轮廓两端创建 5 个半圆弧。再采用双轨扫掠工具，生成连接曲面，如图 9-59 所示。

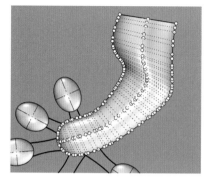

图9-56　左前腿的曲面控制点

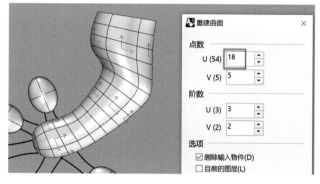

图9-57　重建曲面设置

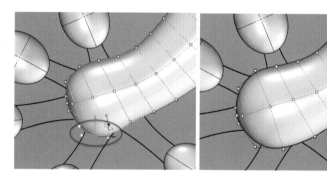

图9-58　编辑脚掌的形状

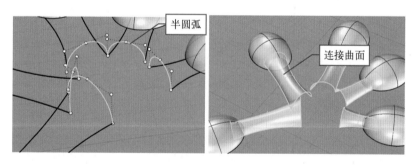

图9-59　创建连接曲面

采用布尔运算联集工具，对连接曲面和脚趾做融合连接处理，如图 9-60 所示。

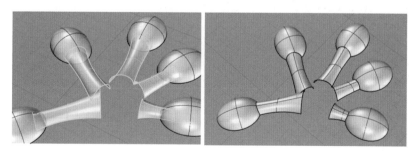

图9-60　融合脚掌和连接曲面

采用布尔运算联集工具，对 5 个脚趾和脚掌做融合连接处理，如图 9-61 所示。

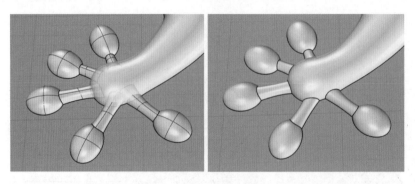

图9-61 融合脚趾和脚掌

采用 FilletSrf（曲面圆角）命令，在脚趾、脚掌和连接曲面之间做曲面圆角处理，如图 9-62 所示。

执行 FilletSrf（曲面圆角）命令，将圆角半径设置为 1mm，在左前腿曲面和躯干之间创建过渡圆角，如图 9-63 所示。

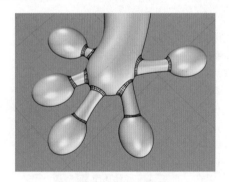

图9-62 创建曲面圆角

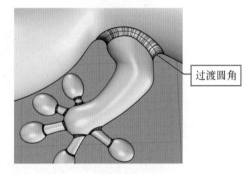

过渡圆角

图9-63 创建过渡圆角

9.4.2 右后脚掌的创建

两条后腿的创建和前腿是完全一致的，按照脚趾（椭球体）、连接曲面创建、曲面融合、过渡圆角的顺序完成创建。图 9-64 为右后腿椭球体和连接曲面创建完成的情形。

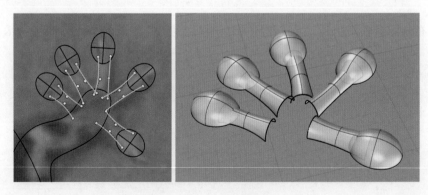

图9-64 右后腿创建完成

在连接曲面与脚掌曲面做曲面圆角操作时，有可能出现图 9-65 红圈中所示的错误，生成的曲面圆角没有正确修剪。

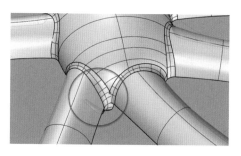

图9-65　曲面圆角操作的错误

这个问题可以采用圆管分割法解决。首先，以相贯线作为路径创建一个半径为 0.3mm 的圆管。用圆管修剪两侧的曲面之后，形成一个宽度均匀的缝隙，如图 9-66 所示。

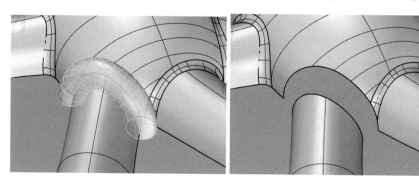

图9-66　创建圆管并修剪两侧曲面

再用混接曲面工具将缝隙两侧的曲面光滑连接起来，如图 9-67 所示。

最后，在右后腿和躯干之间创建过渡圆角，完成创建，如图 9-68 所示。

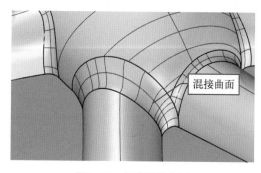

图9-67　创建混接曲面

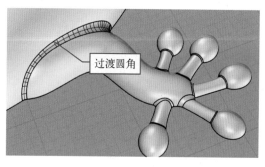

图9-68　创建过渡圆角

9.4.3　左后脚掌的创建

背景图左后腿位置的图案，只能看到 4 个脚趾，因此可以酌情在适当位置补充一个脚趾（椭球体），如图 9-69 所示。

对左后腿曲面做"重建曲面"操作，精简其控制点密度。再对脚掌曲面的控制点做编辑操作，使其宽度变大，如图 9-70 所示。

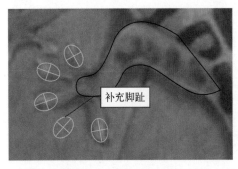

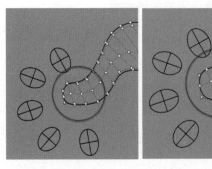

图9-69　补充脚趾模型　　　　　　　　　　图9-70　编辑脚掌曲面形状

绘制连接曲面轮廓曲线和半圆形截面曲线，再采用双轨扫掠工具生成连接曲面，如图 9-71 所示。

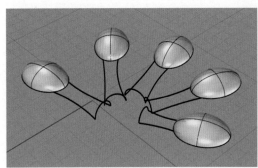

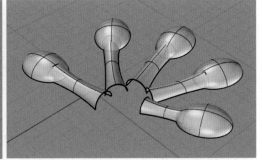

图9-71　创建连接曲面

采用布尔运算联集工具，将每个脚趾和连接曲面融为一体。再采用圆角曲面工具，在脚趾和连接曲面之间创建过渡圆角，如图 9-72 所示。

采用布尔运算联集工具，将连接曲面和脚掌曲面融为一体。再采用圆角曲面工具，在二者之间创建过渡圆角，如图 9-73 所示。

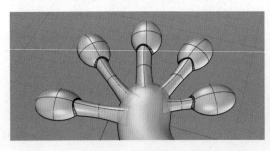

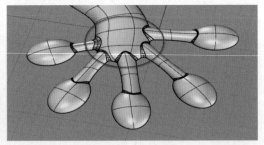

图9-72　创建脚趾和连接曲面之间的过渡圆角　　　图9-73　连接曲面和脚掌之间的过渡圆角

最后，在右后腿和躯干之间创建过渡圆角，完成左后腿的创建，如图 9-74 所示。
至此，壁虎的躯干和四肢全部完成，如图 9-75 所示。

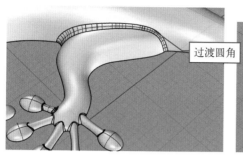
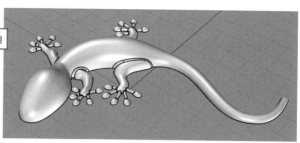

图9-74　创建过渡圆角　　　　　　　　图9-75　壁虎的躯干和四肢

9.5　眼睛的创建

本节将创建壁虎饰品的最后一个部件——眼睛，使用到的主要工具有曲线绘制、旋转成形、曲面定位、布尔运算、曲面圆角等。

9.5.1　眼睛的创建

壁虎的眼睛由眼眶和眼球两个部分构成。眼眶是一个回转体模型，可以采用旋转成形工具生成。眼球可以采用球体编辑形成。

首先，绘制眼眶的断面轮廓曲线。采用控制点曲线工具，在 Front 视图绘制一条曲线，作为眼眶的断面曲线，如图 9-76 所示。

执行 Revolve（旋转成形）命令，选择上述断面曲线，以断面曲线上方端点的垂直连线为旋转轴，旋转 360°，如图 9-77 所示。

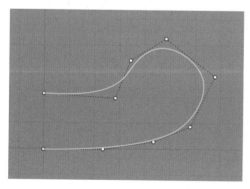
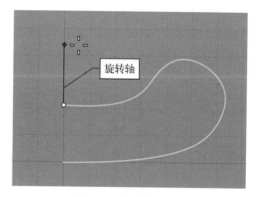

图9-76　眼眶断面曲线　　　　　　　　图9-77　旋转成形设置

生成的回转体曲面即为眼眶模型，如图 9-78 所示。

执行 Sphere（球体）命令，捕捉上述回转体的中心点作为圆心，创建一个直径稍小于回转体的球体，作为眼球模型，如图 9-79 所示。

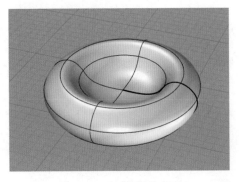

图9-78　生成回转体曲面

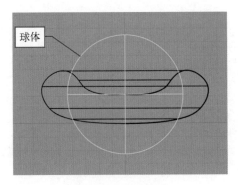

图9-79　创建球体

采用操作轴上的缩放工具，沿 Z 轴将上述球体压扁，如图 9-80 所示。

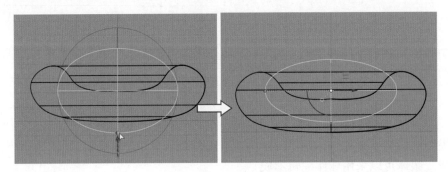

图9-80　纵向压扁球体

将眼球和眼眶模型同时选中，执行 BooleanUnion（布尔运算联集）命令，将两个模型融为一体，如图 9-81 所示。

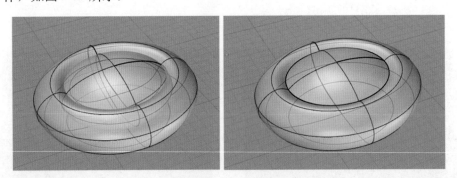

图9-81　布尔运算联集

9.5.2　眼睛的安装

上一小节完成了壁虎眼睛的创建，本小节将对眼睛进行安装，并创建过渡曲面。

首先，将躯干模型显示出来。在 Top 视图中，编辑眼睛模型的比例，使之与躯干的比例适当，如图 9-82 所示。

在定位眼睛模型之前，还需要检查一下躯干曲面的法线方向。选择躯干曲面，执行 Dir（分析曲面方向）命令，躯干曲面上会出现表达曲面法线方向的箭头，如果箭头方向是指向躯干内部的，可以单击命令行中的"反转"按钮，使之朝向外部，如图 9-83 红圈中所示。

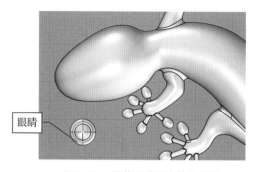

图9-82 调整眼睛和身体的比例

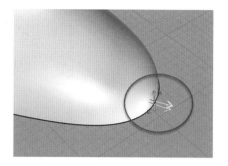

图9-83 检查曲面法线方向

由于壁虎的躯干模型是不规则的曲面，用一般的移动和旋转工具很难准确安装到位，需要使用一种特殊的"曲面对位"工具。

执行 OrientOnSrf（曲面对位）命令，选择眼睛模型为要定位的物件。按照命令行提示，设置眼睛模型底部的中心为基准点，基准点的水平连线作为缩放参考点，如图 9-84 所示。

接下来按照命令行提示，选择躯干曲面作为"要定位其上的曲面"。弹出"定位至曲面"对话框，取消勾选"硬性"选项，单击"确定"按钮，如图 9-85 所示。

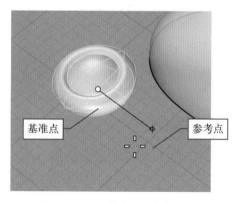

图9-84 设置基准点和参考点

图9-85 "定位至曲面"对话框的设置

在命令行将复制类型设置为"复制 = 是"，在躯干曲面头部上适当位置安装两个眼睛模型。眼睛模型会发生变形与头部的曲面匹配，如图 9-86 所示。

> **注意**
>
> 如果在"定位至曲面"对话框中勾选"硬性"选项，则眼睛模型将保持原状，不会变形。

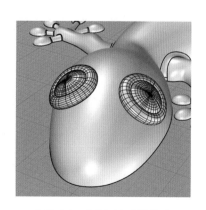

图9-86 安装两个眼睛模型

9.5.3 眼睛的过渡圆角

采用操作轴上的移动工具，将两个眼睛模型向头部曲面移动，使两个模型的小半部分嵌入到头部曲面之中，如图 9-87 所示。

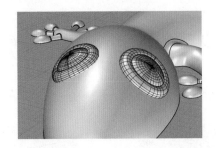

图9-87　移动眼睛模型

执行 BooleanUnion（布尔运算联集）命令，将两个眼睛和躯干模型融为一体，如图 9-88 所示。

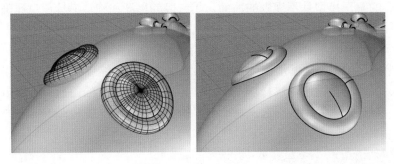

图9-88　布尔运算联集

执行 FilletEdge（边缘圆角）命令，将半径设置为 0.5mm，在眼眶和躯干曲面之间创建过渡圆角，如图 9-89 所示。

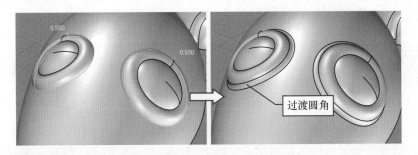

图9-89　创建过渡圆角

壁虎模型至此全部完成，如图 9-90 所示。

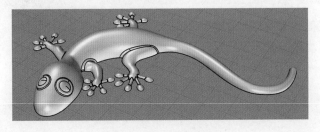

图9-90　壁虎成品模型